印度-亚洲大陆碰撞带野外地质考察指南

吴福元　刘传周　朱弟成　胡修棉　王　强　锺孙霖　等　著

科学出版社

北京

内 容 简 介

青藏高原是"世界屋脊",被称为地球的"第三极",保存了地球上最完整的造山带,是地质学家研究大陆形成演化的天然实验室。在西藏的南部地区,主要出露有冈底斯岩基、雅鲁藏布江缝合带、特提斯喜马拉雅、高喜马拉雅等地质单元,记录了包括新特提斯洋扩张形成与俯冲消亡、岛弧岩浆作用与大陆增生、印度-欧亚大陆碰撞乃至高原隆升等一系列地质过程,是研究大洋俯冲、大陆碰撞以及多圈层相互作用的天然实验室。本书主要汇总了西藏南部地区不同地质单元的相关科学问题和研究进展,并提供了藏南地区东、西两条经典考察路线上的详细考察点位。除了丰富的地质内容外,沿途还有著名的人文古迹和自然风光。

本书适合地球科学领域的本科生、研究生、教师及科研人员参考。

图书在版编目(CIP)数据

印度-亚洲大陆碰撞带野外地质考察指南 / 吴福元等 著. —北京:科学出版社,2020.10
ISBN 978-7-03-066247-7

Ⅰ. ①印⋯ Ⅱ. ①吴⋯ Ⅲ. ①区域地质-地质调查-西藏-指南
Ⅳ. ① P562.75-62

中国版本图书馆 CIP 数据核字(2020)第 182468 号

责任编辑:杨明春 韩 鹏 / 责任校对:王 瑞
责任印制:肖 兴 / 封面设计:北京图阅盛世文化传媒有限公司

科 学 出 版 社 出版
北京东黄城根北街 16 号
邮政编码:100717
http://www.sciencep.com

北京九天鸿程印刷有限责任公司 印刷
科学出版社发行 各地新华书店经销

*

2020 年 10 月第 一 版　　开本:787×1092 1/16
2020 年 10 月第一次印刷　　印张:14 1/2
字数:344 000

定价:198.00 元
(如有印装质量问题,我社负责调换)

前　言

青藏高原，冰清玉洁，雄伟壮观，令人向往。

青藏高原在通常意义上包括中部广袤的、相对平坦的平原和周边高耸的山脉。作为地球留给人类的重要自然遗产，青藏高原平均海拔约 4500 m，面积约 250 万 km^2，是世界上最高、最大的高原。高原南部的喜马拉雅山蜿蜒数千千米，全球 14 座 8000 m 以上的高峰中有 9 座矗立在区内，包括世界最高峰——珠穆朗玛峰。因而，青藏高原又有"世界屋脊"和"第三极"之称。作为地球上保存最完整的造山带，这里岩石出露良好，是地质学家研究大陆形成演化的天然实验室。中国境内之青藏高原，占全中国陆地面积的 26%，因而这里也是中国地质学家开展地质科学研究的重要根据地。尽管青藏高原在地质科学研究中占据着重要地位，但由于高寒缺氧，人们对该区众多重大地质问题的认识仍相当有限，却也留给后人追赶地质科学研究步伐的绝佳时机。

在西藏的南部地区，主要出露有冈底斯岩基、雅鲁藏布江缝合带、特提斯喜马拉雅、高喜马拉雅等地质单元，记录了包括新特提斯洋的扩张形成与俯冲消亡、岛弧岩浆作用与大陆增生、印度-欧亚大陆碰撞乃至高原隆升等一系列地质过程的历史，是研究大洋俯冲、大陆碰撞以及圈层相互作用的天然实验室。2015 年 4 月，中国地质大学（北京）、南京大学、中国科学院广州地球化学研究所、台湾大学和中国科学院地质与地球物理研究所等 5 家单位在拉萨组织召开了第四届海峡两岸"特提斯-青藏高原地质演化"学术讨论会，并在会后组织了野外考察。本考察指南就是在上述材料基础上增补而成，旨在为初次进入青藏高原的青年学者提供印度-亚洲大陆碰撞带的基本地质情况介绍，并希望通过野外考察掌握碰撞造山带的研究方法。

本考察手册的考察路线分为东、西两条。其中西线从拉萨出发，途经曲水、日喀则、拉孜至聂拉木，然后返回至日喀则，经白朗、江孜、康马、浪卡子，最终回到拉萨；东线从拉萨出发，途经林周、桑日、泽当、罗布莎等地。主要考察南侧印度大陆（高喜马拉雅变质基底、特提斯喜马拉雅沉积及喜马拉雅淡色花岗岩）、北侧拉萨地块（中-新生代火山-沉积地层、冈底斯岩基、日喀则弧前盆地），以及两者之间的雅鲁藏布缝合带（日喀则蛇绿岩及相关混杂堆积）。本考察路线是西藏地质科学考察的经典路线，各位读者可根据自身的专业领域和考察时间，适当调整考察路线及考察点。除了丰富的地质内容外，沿途还有众多著名的人文古迹和自然风光可供参观游览。

本书编写人包括中国地质大学（北京）朱弟成、王青、刘安琳，南京大学胡修棉、安慰（现合肥工业大学），中国科学院地质与地球物理研究所吴福元、刘传周、纪伟强、王建刚、刘志超（现中山大学）、刘小驰、王佳敏、张畅、张亮亮［现中国地质大学（北京）]、刘通、杨雷（现成都理工大学）等，并由刘传周、吴福元最后统编定稿。由于作者专业和学术水平有限，本书难免存在不足之处，请大家包涵，并提出意见以供再版时改进。

本书出版受国家自然科学基金基础科学中心项目（41888101）、特提斯重大研究计划项目（91755000）和岩石圈演化国家重点实验室资助。

吴福元

2020 年 4 月

目 录

■ **前言**
—— 吴福元

■ **青藏高原地质简介和野外考察路线与内容**　1
—— 吴福元　刘传周

　　青藏高原地质简介 ……………………………………………………… 2
　　野外考察路线与内容 …………………………………………………… 12
　　参考文献 ………………………………………………………………… 15

■ **第1章　拉萨市—林周县（林周盆地及周边火山－沉积地层）**　19
—— 朱弟成　王建刚　王青　刘安琳

　　1.1　下侏罗统叶巴组火山岩 …………………………………………… 21
　　1.2　林周盆地林子宗火山岩 …………………………………………… 23
　　1.3　林周盆地白垩纪地层 ……………………………………………… 27
　　1.4　考察点 ……………………………………………………………… 29
　　参考文献 ………………………………………………………………… 36

■ **第2章　拉萨—曲水—大竹卡—日喀则（冈底斯岩基与然巴淡色花岗岩）**　39
—— 纪伟强　刘志超

　　2.1　冈底斯岩基 ………………………………………………… 40

2.2	然巴穹窿及其淡色花岗岩	45
2.3	考察点	54
	参考文献	63

第3章　日喀则—定日县（日喀则弧前盆地与修康混杂岩）　69

—— 安　慰　王建刚

3.1	日喀则弧前盆地	70
3.2	大竹卡砾岩	74
3.3	柳区砾岩	75
3.4	修康混杂岩	77
3.5	考察点	81
	参考文献	87

第4章　定日县—聂拉木县（特提斯喜马拉雅沉积岩系——南带）　91

—— 胡修棉

4.1	特提斯洋最高海相层	92
4.2	印度北缘早白垩世火山事件——卧龙组	94
4.3	考察点	98
	参考文献	102

第5章　聂拉木县—定日县—拉孜县—日喀则（高喜马拉雅变质岩系）　105

—— 王佳敏　杨　雷

5.1	高喜马拉雅变质岩系	106
5.2	高喜马拉雅断层体系	112
5.3	考察点	118
	参考文献	128

第6章　日喀则—白朗县—江孜县（蛇绿岩）　133

—— 刘传周　张　畅　刘通

6.1	雅鲁藏布蛇绿岩概述	134
6.2	日喀则蛇绿岩	140
6.3	新特提斯洋演化历史	141
6.4	考察点	142
	参考文献	155

第 7 章 江孜县—亚东县（特提斯喜马拉雅沉积岩系与淡色花岗岩） 159

—— 刘小驰　刘志超

  7.1 康马片麻岩穹窿 ··· 160
  7.2 亚东高喜马拉雅变质岩和淡色花岗岩 ··· 164
  7.3 考察点 ··· 167
  参考文献 ·· 173

第 8 章 江孜县—浪卡子县—拉萨市（特提斯喜马拉雅沉积岩系——北带） 179

—— 胡修棉　王建刚

  8.1 特提斯喜马拉雅北带地层 ··· 180
  8.2 三叠系郎杰学群 ·· 182
  8.3 考察点 ··· 185
  参考文献 ·· 188

第 9 章 泽当—雅拉香波—打拉—确当—隆子县（淡色花岗岩） 191

—— 刘小驰

  9.1 喜马拉雅始新世岩浆作用 ··· 192
  9.2 雅拉香波穹窿 ··· 194
  9.3 打拉二云母花岗岩岩体 ·· 196
  9.4 隆子地区淡色花岗斑岩 ·· 197
  9.5 考察点 ··· 197
  参考文献 ·· 201

第 10 章 泽当镇—罗布莎（雅鲁藏布江缝合带东段蛇绿岩） 205

—— 张亮亮　张　畅　刘传周

  10.1 雅鲁藏布江缝合带东段蛇绿岩 ·· 206
  10.2 泽当蛇绿岩金鲁剖面 ·· 207
  10.3 罗布莎蛇绿岩 ··· 208
  10.4 考察点 ·· 209
  参考文献 ·· 222

印度-亚洲大陆碰撞带野外地质考察指南

青藏高原地质简介和野外考察路线与内容

吴福元　刘传周

青藏高原地质简介

青藏高原的地质研究涉及两大主题：特提斯演化和高原形成。

1. 青藏高原地质格架

在介绍青藏高原地质之前，我们有必要了解和熟悉特提斯这一概念（吴福元等，2020）。特提斯（Tethys）首先由奥地利著名地质学家 Eduard Suess 在 1893 年提出，意指中生代时期位于南半球冈瓦纳大陆和北半球劳亚大陆之间的已消失的海洋（Tethys Ocean 或 Tethys Sea）。现代意义上的特提斯主要是指冈瓦纳大陆与劳亚大陆聚合形成 Pangea（潘吉亚）超大陆以后，其东部存在的向东开口的海湾（图 0-1a）。由于 Pangea 超大陆主要是南北两大陆在欧洲沿海西造山带于石炭纪拼合，因此严格意义上说，特提斯最多是晚古生代以来的大洋。在此之前，由于超大陆还未形成，各大陆之间的海洋是连通的，称为泛大洋。实际上，特提斯与泛大洋也是连通的，只是特提斯有所特指而已。

1985 年，土耳其地质学家 A.M.C. Sengor 提出在特提斯洋中存在一个基梅里大陆（Cimmerian Continent），从而提出古特提斯洋（Paleo-Tethys）和新特提斯洋（Neo-Tethys）

a. 280 Ma（亚丁斯克期）　　b. 240 Ma（安尼期）　　c. 131 Ma（欧特里夫期-瓦兰今期）

图 0-1　特提斯的概念及古特提斯洋、新特提斯洋的划分（Stampfli and Borel, 2004）

的概念（图 0-1b, c），即：Pangea 超大陆聚合形成古特提斯洋，该大洋向南的消减形成冈瓦纳大陆北缘的造山带，该造山带由于弧后裂解形成基梅里大陆，而此扩张的弧后盆地就是我们今天所熟悉的新特提斯洋。尽管目前人们对基梅里大陆的属性存在争议，但绝大多数学者赞同，最早的古特提斯洋是 Pangea 超大陆东部的海湾。中生代期间，冈瓦纳大陆北缘发生裂解形成新特提斯洋，而这些地体不断向北漂移，最后使古特提斯洋闭合。中生代末—新生代初，印度大陆最终北上与亚洲大陆发生碰撞，使得新特提斯洋关闭，从而基本结束青藏高原大洋发育的历史。因此，学术界也形象地将上述过程称为"冈瓦纳的裂解与亚洲的增生"，也就是我们所说的特提斯演化的"传送带"模型。

青藏高原系统的板块构造区划最早由常承法和郑锡澜（1973）提出，后逐步得到完善（Chang et al., 1986; Yin and Harrison, 2000）。目前的主流意见是，青藏高原由一系列东西向展布的块体所组成，它们之间的缝合线是已经消失的特提斯洋。这些地体由北向南依次包括昆仑-祁连地块、松潘-甘孜地块、羌塘地块和拉萨地块（图 0-2）。其中羌塘地体又可划分为南羌塘和北羌塘地体，两者之间为龙木措-双湖缝合带，它向东与三江地区的昌宁-孟连缝合带相连，被认为是古特提斯洋的残留，或冈瓦纳大陆与劳亚大陆的最终拼合位置。南北羌塘地体间缝合带地质研究是近年来青藏高原基础地质调查的重要突破，有兴趣的读者可参阅以吉林大学李才教授为首的研究集体的成果（李才等，2016）。

羌塘和拉萨地体之间为著名的班公湖-怒江缝合带（班怒带），被认为是新特提斯洋的残留。传统观点认为，该洋盆是向北消减而消亡的。但成都地质矿产研究所的潘桂棠先生认为是向南俯冲的（Pan et al., 2012），中国地质大学（北京）的朱弟成教授持有类似认识（Zhu et al., 2013）。他们不仅认为班公湖-怒江洋向南俯冲，还认为此俯冲导致了南侧雅鲁藏布江的打开，即雅鲁藏布江最初是班怒带的弧后盆地。关于这一问题，待各位野外考察时讨论。

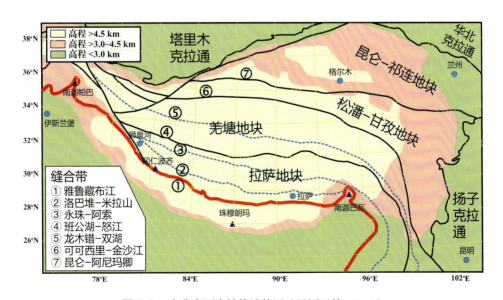

图 0-2　青藏高原大地构造简图（吴福元等，2008）

夹持于班怒带和雅鲁藏布江缝合带之间的就是我们本次要考察的拉萨地体。该地体目前被划分为北、中、南三个部分，其间分别被永珠－阿索缝合带和洛巴堆－米拉山断裂（松多缝合带）所分割。最新的研究显示（Zhu et al., 2011a），中拉萨组成较老，而南北两侧均以新生地壳的显著增生为特色。南拉萨地体，又称冈底斯地体，是目前青藏高原研究的热点地区。第一，该地体是东西延伸数千公里的 Transhimalaya 岩基的一部分。它向东延伸至缅甸及东南亚地区，向西经 Ladakh 与 Kohistan 相连，是全球少有的能与美洲西海岸相媲美的巨型花岗岩基。第二，该岩基主体形成与新特提斯洋向北俯冲有关，但大洋关闭以后发育的中新世花岗岩经常伴生有斑岩铜钼矿床，这是给现今斑岩矿床研究提出的重要理论课题。第三，该地区交通方便。近几年冈底斯受到特别关注的原因是，该岩基具有特征的年龄谱和 Sr-Nd-Hf 同位素组成，可视为确定印度－亚洲碰撞时间和示踪高原隆升剥蚀的重要指示物。在这方面，锺孙霖、吴福元和朱弟成的研究小组起到了引领作用（Chu et al., 2006; Chiu et al., 2009; Ji et al., 2009; Zhu et al., 2011a,b）。

值得指出的是，Zhu 等（2011b）提出拉萨地体来自澳大利亚而非南侧印度大陆的观点，这是对传统认识的挑战，因为它否定了冈瓦纳不断裂解、亚洲不断增生的模型，好像是在印度与亚洲大陆之间的大洋中插进一个块体，这显然对古特提斯洋／新特提斯洋的划分也提出了挑战。由于这一认识涉及诸多方面的问题，请大家注意留心最新的研究进展。

拉萨地体以南地区在地质上被认为是印度大陆的一部分（图 0-3），它自北而南可划分为特提斯喜马拉雅（Tethyan Himalaya）、高喜马拉雅（Higher or Greater Himalaya）和低喜马拉雅（Lower or Lesser Himalaya），其间被藏南拆离系（South Tibet Detachment System, STDS）和主中央逆冲断层（Main Central Thrust, MCT）所分割。特提斯喜马拉雅主要为寒武纪—始新世的一套低级－未变质地层，为印度大陆被动边缘的沉积建造。高喜马拉雅主要为一套经历过角闪岩相—麻粒岩相变质的元古宙沉积岩系，经常伴生有早古生代（约 0.5 Ga）花岗岩。中央主逆冲断层以南的低喜马拉雅，为一套浅变质－未变质的前寒武纪—古生代岩石。低喜马拉雅以南以主边界逆冲断层（Main Boundary Thrust, MBT）和主前锋逆冲断层（Main Front Thrust, MFT）与印度地台相接，其间发育锡瓦里克等前陆盆地。

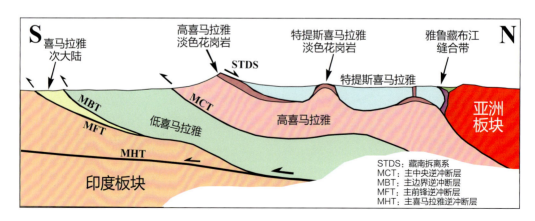

图 0-3　喜马拉雅块体划分图（Zhang et al., 2012）

2. 雅鲁藏布江缝合带地质

位于拉萨地体和特提斯喜马拉雅之间的就是世界闻名的雅鲁藏布江缝合带(图0-2)。该带主要包括北部的日喀则弧前盆地、南部的雅鲁藏布蛇绿岩(亦可简称为雅江蛇绿岩)及伴生的增生楔(图0-4)。日喀则弧前盆地有时也可归入拉萨地体讨论,因为它的物源主要来自于冈底斯岩基。该盆地是世界上弧前盆地的典型,可与美国西部以 Great Valley 为代表的弧前盆地相媲美。它的研究对揭示活动大陆边缘的物质循环意义重大。特别是,现今很多学者都认为,蛇绿岩在很大程度上都与弧前盆地的形成有关。因而,该区也是检验蛇绿岩形成机制的最佳场所。对于南侧的蛇绿岩,它基本沿雅鲁藏布江分布,并以日喀则一带的日喀则蛇绿岩最为著名。Nicolas 等(1981)较早向国际学术界介绍了该蛇绿岩的情况,并着重指出了该蛇绿岩的独特之处。Hébert 等(2012)、吴福元等(2014)也对该蛇绿岩的情况进行了全面分析。这方面内容,我们将在考察的具体内容中予以介绍。此处我们只是强调,该蛇绿岩是研究新特提斯洋扩张的重要素材,而该大洋的扩张与消亡历史对青藏高原来说无疑至关重要。蛇绿岩的南侧经常出现混杂堆积,其变形强烈,岩块类型复杂。其基质既可以是蛇绿岩,也可以是泥砂质沉积岩。

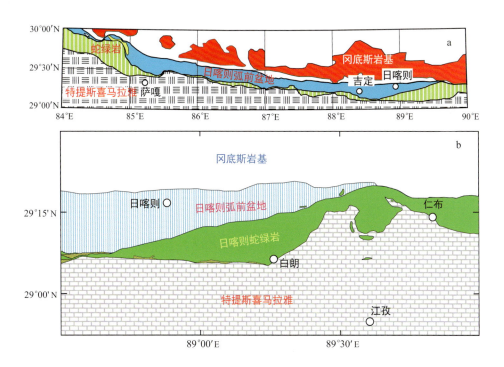

图 0-4 雅鲁藏布江缝合带地质单元组成

雅鲁藏布江缝合带作为印度板块与亚洲板块的碰撞缝合线,是国内外地质学家重点研究的对象,该碰撞带的几何结构也是了解其他造山带特征的重要参考。与此相关的另一个重要问题是，印度大陆与亚洲大陆究竟何时在此发生了碰撞？我们不拟对这一激烈争论的问题给予过多的讨论，只是给出图0-5供大家参考。图0-5a是经典的碰撞模型，它认为印度大陆与亚洲大陆在55 Ma左右直接碰撞，其间的新特提斯洋不存在洋内岛弧，属陆-陆直接碰撞。图0-5b是Aitchison等（2007）所倡导的模型，认为新特提斯洋中存在洋内岛弧。该岛弧首先与印度在55 Ma左右碰撞，然后该复合大陆在35 Ma左右与亚洲大陆碰撞，属陆-弧-陆碰撞。相反，图0-5c认为在印度大陆与亚洲大陆之间存在一个Tibetan Himalaya地块（van Hinsbergen et al., 2012）。该地块首先在50 Ma左右与亚洲大陆碰撞，形成雅鲁藏布江缝合带，然后才是印度大陆与上述拼合块体的碰撞，大约发生在23 Ma。在这一陆-陆-陆模型框架中，新特提斯洋的最终缝合线并不是雅鲁藏布江缝合带，而是高喜马拉雅南侧的某地。但遗憾的是，该模型存在的地质证据目前还没被发现。但请读者千万不要认为该模型不成立，偌大的青藏高原，什么事都可能发生。退一步讲，如果该模型能给读者一些有益的思考，也不无裨益。

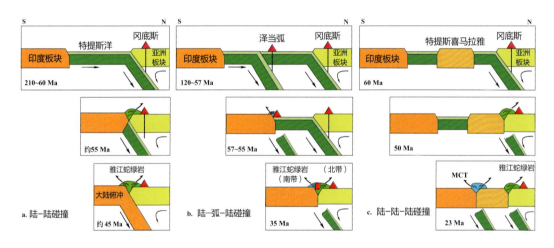

图 0-5　印度-亚洲大陆碰撞模式示意图（Wu et al., 2014, 有修改）

可能有人会问，印度-亚洲大陆碰撞时间的精细厘定真的那么重要？ 50 Ma和60 Ma不就差10 Ma吗？如果我们保守地设定印度-亚洲大陆的汇聚速率为50 mm/a（新生代初期大约为100 mm/a），那10 Ma的时差将导致500 km的距离缩短，20 Ma就对应1000 km，这些缩短量之差是检验板块碰撞及演化模式的关键。

那么，怎样才能准确而又精确地确定两个大陆碰撞的时间呢？

在雅鲁藏布江缝合带中，还存在两套时代不同的沉积建造。一套称为柳区群或柳区砾岩，时代可能属始新世；另一套在不同地点称谓有所变化，如冈仁波齐砾岩、大竹卡砾岩、罗布莎砾岩等，时代为中新世。它们大多被认为是印度大陆与亚洲大陆碰撞而形成的磨拉石建造。犹如喜马拉雅山前的锡瓦里克砾岩一样，这些沉积均是研究喜马拉雅-青藏高原隆升历史及环境变化的重要对象。

3. 青藏高原隆升及环境效应

世界上绝大多数学者关注青藏高原的重要原因是高原隆升所带来的气候与环境效应。仅就气候变化而言，青藏高原的影响主要体现在以下几个方面。第一，根据地质学家的研究，我国大陆的地势在以前是东高西低，直到青藏高原隆起才形成目前西高东低的格局（汪品先，2005），才决定了目前亚洲主要河流的分布与走向（Clark et al., 2004）。以长江为例，历史上的长江只发育在我国东部地区，其上游的金沙江从青藏高原起源后一直南下进入印度洋。而随着高原的进一步隆起，金沙江才与长江连通，进而形成世界第三大河。第二，高原隆升阻止湿润的印度洋气流北上，造成我国西部和中亚地区的干旱化，并使理应成为干旱区的长江中下游成为我国的鱼米之乡（刘东生等，1998）。第三，高原抬升使岩石物理风化加速，而岩石新鲜面暴露机会的增多，又进一步加剧岩石的风化。岩石在风化过程中将摄取大量大气中的 CO_2，并使 CO_2 转化为 HCO_3^-，然后通过河流将这些风化物质带入海洋，最后沉积在海底。通过这种风化作用，高原隆升可以使全球气候变冷，从而形成"冰室效应"（Raymo and Ruddiman, 1992）；而大量剥蚀物质通过河流进入海洋沉积的过程中，不仅大量吸收海洋中的 CO_2，而且还带入其他物质，从而使海洋的成分发生明显改变，进而对全球环境产生影响。

但是，上述认识只是概念性的模型，还存在很多未认识清楚的问题。此外，我们说全球气候变化在很大程度上受地球自转和海陆分布等的影响，地球在近 55 Ma 的变冷可能并不是青藏高原隆升的结果，而只是地球自身演化的必然产物。全球变冷对青藏高原的剥蚀产生了影响，进而强化了隆升。因此，现在我们还不能回答的问题是，是青藏高原隆升导致了全球变化，还是全球气候变化使岩石的风化与剥蚀情况发生改变，进而促使了高原的隆升？这就是青藏高原隆升与全球气候变化因果关系上著名的"鸡"与"蛋"的争论（Molnar and England, 1990）。解决这一问题的关键是寻找鉴定上述不同过程的地质标志，包括地质历史时期全球大气 CO_2 含量的变化，以及高原隆升与地球气候变化的时间先后关系等。

无论如何，多方面的工作已经显示，青藏高原隆升对亚洲、甚至全球的气候产生过影响，但目前并不知晓的是，高原是何时隆升到足以影响地球气候的高度。这就引出了两个地质话题。第一，高原是如何从低变高的，这就是我们传统所讲的高原隆升；第二，高原是如何从小变大的，即高原的扩展。隆升与扩展相加，就是我们现今大家经常所说的高原生长。因此，青藏高原的生长历史是正确评价新生代以来地球环境及其变迁机制的重要科学资料，这就是我们经常看到有大量这方面研究结果发表的原因。

从 20 世纪 70 年代开始，国内外科学家就对青藏高原的隆升历史进行了大量的研究。主要问题有两个：其一，青藏高原何时隆升到现今的高度？其二，高原不同部位隆升的历史是否存在差异？现在人们认识到，高原不同部位隆升的历史肯定不同，即高原是差异隆升的。但对高原何时隆升到目前平均 4 km 以上的高度，认识上却存在很大的分歧。以前常用的制约高原最大高度的方法是地质研究。如根据青藏高原南北向正断层的广泛发育，研究者认为这是高原隆升到最大高度后垮塌的结果，据此提出高原隆升到最大高度的时间是中新世，即 23~8 Ma (Harrison et al., 1992；Williams et al., 2001)。但这一方法目前备受争议，因为我们现在还未完全了解这些张性正断层形成的机理，也未明确高原的隆升机制。更何况，这一方法无法给出古高度的具体数值。从定量的角度来说，根据三趾马和高山栎等化石的发现，我国学者在 20 世纪 70~90 年代认为，青藏高原在 10 Ma 左右才隆升到只有 2000 m 左右的高度（徐仁等，1973；黄万波和计宏祥，1979）。但同样是古生物学方法，后来得出的结论却明显不同（吴珍汉等，2007）。近年来，稳定同位素方法开始被应用到青藏高原的古高度研究（图 0-6）。如果这些资料可靠的话，青藏高原的主体至少在中新世以前就已隆升到现在的高度（Rowley and Garzione, 2007；图 0-7）。但是，这些研究结果的可靠性备受争议。因此，古高度是青藏高原研究的前沿课题，当然也是世界难题。

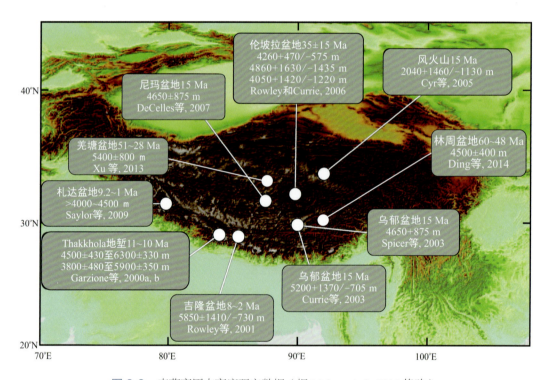

图 0-6　青藏高原古高度研究数据（据 Molnar et al., 2010 修改）

关于高原的扩展，实际上有很多研究，且主要集中在南侧的喜马拉雅山、东侧的龙门山、东北侧的祁连山及北侧的天山和昆仑山。由于本次考察多不涉及这些内容，因而本书不对此做详细介绍。但是，我们不免会问，青藏高原生长的机制到底是什么？由于这一问题过于理论化，且涉及很多方面的资料，本书也不做过多讨论。关于隆升的机制，目前主要是碰撞模式和拆沉模式之争（Molnar et al., 1993；图 0-8）。前者强

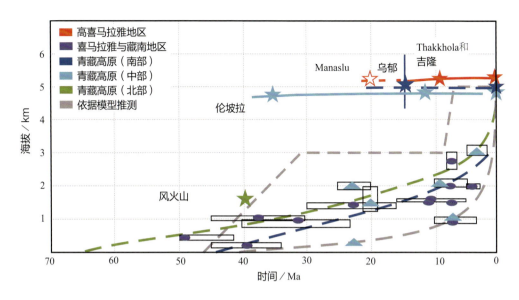

图 0-7　青藏高原不同地区古高度变化 (Rowley and Garzione, 2007)

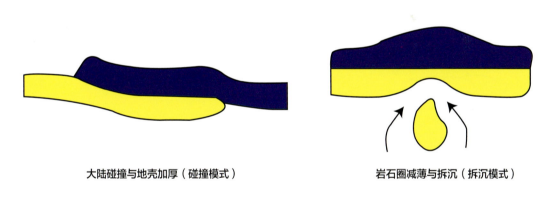

图 0-8　青藏高原隆升机制的两种模型

调块体的挤压、碰撞、缩短和叠置而导致地壳加厚，进而由于均衡作用而导致隆升，并形成高原；而后者则认为造山作用可导致岩石圈加厚，从而引发重力不稳定性，进而发生岩石圈拆沉。此时，深部热的软流圈的物质补给将导致地表隆升。关于高原向四周的扩展，有挤出（extrusion）和地壳流（crustal channel flow）两种模式之分。特别是地壳流模式（Royden et al., 1997；图 0-9），目前响应者较多，但提供的实质性证据还很有限。这种模式之争涉及一个非常有趣的问题，那就是青藏高原或喜马拉雅在未来会继续增高，还是会发生下降？抑或青藏高原在降低，而四周的山系继续隆升？

在图 0-9 的地壳流模式中，一般认为地壳加厚导致深部岩石熔融，而软的熔融的深部地壳势必向四周运移。就喜马拉雅而言，山脉南坡强烈的降雨会导致大量的剥蚀，深部岩石将由于卸压而发生向浅部的流动，从而导致高喜马拉雅变质岩系的折返和喜马拉

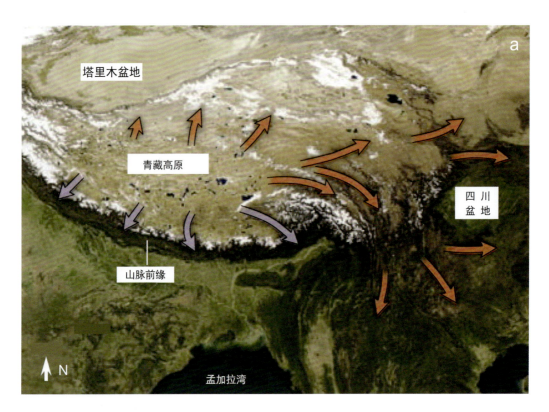

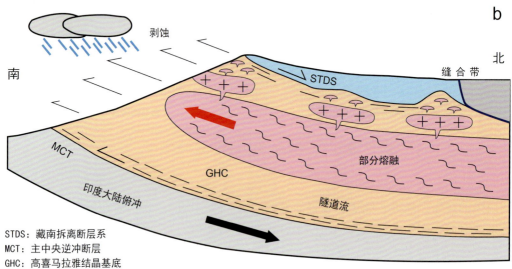

图 0-9　地壳流模式示意图 (Beaumont et al., 2001; Hodges, 2006)

雅山的崛起。很显然，深部地壳的部分熔融是该模型的关键，这就是为什么全球的科学家如此关心青藏高原深部岩石圈结构与热状态的原因。同样，从物质组成的角度来看，青藏高原新生代岩浆岩就是破译高原生长机制的重要方面，这就是王强研究小组着力藏北火山岩、吴福元研究小组关注喜马拉雅淡色花岗岩的原因（图 0-10）。

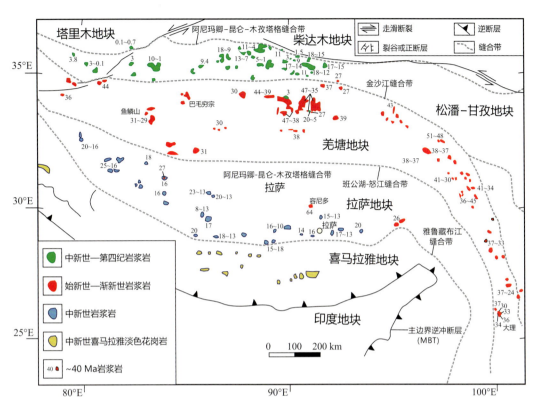

图 0-10 青藏高原新生代岩浆岩分布图 (王强提供)
图中数字为岩体年龄，单位为 Ma

以上是青藏高原地质演化的简单情况介绍。青藏高原的学术魅力巨大而无穷，人们目前对很多问题的理解可能仍是阶段性的，现在基本每天都有关于青藏高原的论文发表，因而请读者随时留意其进展。20 世纪 80 年代以前，中国学者在青藏高原研究中独领风骚，以常板块、三趾马和高山栎享誉世界。随着国门的打开，中－法、中－英、中－美等一系列国际合作相继开展，青藏高原研究取得巨大进步，但中国科学家却逐渐丧失了其在青藏高原研究中的领先地位。近年来，中国力量有所崛起，这主要得益于中国经济的快速发展，科研投入有所增加，西藏全境 1：25 万地质图填制的完成便是最好的例证。同时，当地不断改善的基础设施也为科研活动提供了极大的便利，更多的国内同行成为青藏高原研究的新兵。但我们也注意到，近年来青藏高原进行科研活动的外国地质学家似乎越来越少，如果是该原因凸显了中国科学家的地位，那对我们来说并非好消息，因为我们将失去能够让我们学习、提高的合作伙伴和竞争对手，中国境内的青藏高原研究也将逐渐被边缘化。但愿这种担忧是杞人忧天！

野外考察路线与内容

本书设计的考察路线及时间安排如图 0-11 所示。

第 1 天，拉萨市—林周县（林周盆地及周边火山-沉积地层）

主要考察冈底斯弧内及弧后的火山沉积岩系。内容包括：冈底斯弧内下中侏罗统叶巴组火山岩；冈底斯弧后（背）盆地白垩纪沉积地层（塔克那组和设兴组）；林子宗同碰撞火山岩地层（典中组、年波组和帕那组）；以及林子宗火山岩与林周盆地白垩纪地层的角度不整合关系。

第 2 天，拉萨—曲水—大竹卡—日喀则（冈底斯岩基/然巴淡色花岗岩）

主要考察冈底斯岩基不同时代、不同类型的侵入岩和特提斯喜马拉雅淡色花岗岩。内容包括：冈底斯始新世花岗岩及暗色包体、中新世花岗闪长斑岩、侏罗纪变形花岗岩；然巴穹窿的变质围岩和核部高分异花岗岩（二云母花岗岩、石榴石花岗岩、白云母花岗岩、钠长花岗岩、电气石花岗岩和花岗伟晶岩等）。

第 3 天，日喀则—定日县（日喀则弧前盆地与修康混杂岩）

主要考察新特提斯洋俯冲体系有关的弧前盆地、混杂岩，以及印度-亚洲大陆碰撞有关的磨拉石沉积。内容包括：大竹卡组砾岩（内磨拉石）；日喀则弧前盆地水道砾岩、浊积岩；柳区砾岩（外磨拉石）；修康混杂岩；以及相关的构造。

第 4 天，定日县—聂拉木县（特提斯喜马拉雅沉积岩系——南带）

主要考察特提斯喜马拉雅南带（浅海相）沉积地层、大型低角度正断层藏南拆离系。

图 0-11　野外考察路线

内容包括：特提斯喜马拉雅最高海相地层龙江剖面（宗浦组、恩巴组和扎果组）；特提斯喜马拉雅下白垩统火山岩屑砂岩（古错剖面卧龙组，与冈瓦纳大陆最后裂解有关）；藏南拆离系。借此感受喜马拉雅山脉的壮观和陆-陆碰撞造山过程的澎湃。

第 5 天，聂拉木县—定日县—拉孜县—日喀则（高喜马拉雅变质岩系）

主要考察高喜马拉雅变质岩系和淡色花岗岩。内容包括：混合岩化变质沉积岩、糜棱化的花岗岩和正片麻岩、淡色花岗岩和伟晶岩。

第 6 天，日喀则—白朗县—江孜县（日喀则蛇绿岩及混杂堆积）

主要考察日喀则蛇绿岩。内容包括：地幔橄榄岩、席状岩席、枕状熔岩和远洋硅质岩，以及日喀则蛇绿岩与日喀则弧前盆地地层的沉积接触关系。

第 7 天，江孜县—亚东县（特提斯喜马拉雅沉积岩系与淡色花岗岩）

主要考察内容：康马穹窿核部古生代花岗岩质片麻岩及侵入的淡色花岗岩脉；康马

花岗质片麻岩与围岩黑云母片岩接触界线；顶噶淡色花岗岩与特提斯喜马拉雅沉积岩系接触关系；告乌中新世电气石淡色花岗岩岩体。

第 8 天，江孜县—浪卡子县—拉萨市(特提斯喜马拉雅沉积岩系——北带)

主要考察特提斯喜马拉雅北带（深海相）沉积地层和同碰撞混杂岩。内容包括：江孜床得剖面白垩纪地层，重点关注白垩纪大洋红层、大洋缺氧事件；龙马乡宗卓混杂岩（同碰撞混杂岩）；浪卡子羊卓雍错地区朗杰学群。

第 9 天，泽当—雅拉香波—打拉—确当—隆子县（淡色花岗岩）

主要考察内容：雅拉香波穹窿拆离断层样式；雅拉香波石榴石斜长角闪岩、黑云母片岩等高级变质岩；雅拉香波淡色花岗岩-伟晶岩岩脉；打拉始新世二云母花岗岩岩体；日当-隆子始新世花岗斑岩岩体。

第 10 天，泽当镇—罗布莎（雅鲁藏布东段蛇绿岩）

主要考察内容是雅鲁藏布东段蛇绿岩，包括两个剖面，泽当金鲁剖面和罗布莎蛇绿岩。金鲁剖面重点考察泽当弧和泽当蛇绿岩，以及二者之间的关系；罗布莎剖面重点考察橄榄岩中的铬铁矿和蛇绿岩底部的斜长角闪岩，即所谓的变质底板。

参 考 文 献

常承法, 郑锡澜, 1973. 中国西藏南部珠穆朗玛峰地区构造特征. 地质科学, 8 (1): 1-12.

黄万波, 计宏祥, 1979. 西藏三趾马动物群的发现及其对高原隆起的意义. 科学通报, 885-888.

刘东生, 郑绵平, 郭正堂, 1998. 亚洲季风系统的起源和发展及其与两极冰盖和区域构造运动的时代耦合性. 第四纪研究, (3): 194-204.

李才, 解超明, 王明, 等, 2016. 羌塘地质. 北京: 地质出版社, 681.

汪品先, 2005. 新生代亚洲形变与海陆相互作用. 地球科学, 30: 1-18.

吴福元, 黄宝春, 叶凯, 等, 2008. 青藏高原造山带的垮塌与高原隆升. 岩石学报, 24: 1-30.

吴福元, 刘传周, 张亮亮, 等, 2014. 雅鲁藏布蛇绿岩: 事实与臆想. 岩石学报, 30: 293-325.

吴福元, 刘志超, 刘小驰, 等, 2015. 喜马拉雅淡色花岗岩. 岩石学报, 31: 1-36.

吴福元, 万博, 赵亮, 等, 2020. 特提斯地球动力学. 岩石学报, 36: 1627-1674.

吴珍汉, 吴中海, 胡道功, 等, 2007. 青藏高原渐新世晚期隆升的地质证据. 地质学报, 81: 577-587.

徐仁, 陶君容, 孙湘君, 1973. 希夏邦玛峰高山栎化石层的发现及其在植物学和地质学上的意义. 植物学报, 15: 103-119.

Aitchison J C, Ali J R, Davis A M, 2007. When and where did India and Asia collide? Journal of Geophysical Research 112, B05423, doi:10.1029/2006JB004706.

Beaumont C, Jamieson R A, Nguyen M H, et al., 2001. Himalayan tectonics explained by extrusion of a low-viscosity crustal channel coupled to focused surface denudation. Nature, 414: 738-741.

Chang C F, Chen N S, Coward M P, et al., 1986. Preliminary conclusions of the Royal Society and Academia Sinica 1985 geotraverse of Tibet. Nature, 323: 501-507.

Chiu H Y, Chung S L, Wu F Y, et al., 2009. Zircon U-Pb and Hf isotopic constraints from eastern Transhimalayan batholiths on the pre-collisional magmatic and tectonic evolution in southern Tibet. Tectonophysics, 477: 3-19.

Chu M F, Chung S L, Song B, et al., 2006. Zircon U-Pb and Hf isotope constraints on the Mesozoic tectonics and crustal evolution of Southern Tibet. Geology, 34: 745-748.

Clark M K, Schoenbohm L M, Royden L H, et al., 2004. Surface uplift, tectonics, and erosion of eastern Tibet from large-scale drainage patterns. Tectonics, 23: 2002TC001402.

Currie B S, Rowley D B, Tabor N J, 2005. Middle Miocene paleoaltimetry of southern Tibet: Implications for the role of mantle thickening and delamination in the Himalayan Orogen. Geology, 33: 181-184.

Cyr A J, Currie B S, Rowley D B. 2005. Geochemical evaluation of Fenghuoshan Group lacustrine carbonates, north-central Tibet: Implications for the paleoaltimetry of the Eocene Tibetan Plateau. Journal of Geology, 113: 517-533.

DeCelles P G, Quade J, Kapp P, et al., 2007. High and dry in central Tibet during the Late Oligocene. Earth and Planetary Science Letters, 253:389-401.

Ding L, Xu Q, Yue Y, et al., 2014. The Andean-type Gangdese Mountains: Paleoelevation record from the Paleocene-Eocene Linzhou Basin. Earth and Planetary Science Letters, 392: 250-264.

Garzione C N, Dettman D L, Quade J, et al., 2000a. High times on the Tibetan Plateau: Paleoelevation of the Thakkhola Graben, Nepal. Geology, 28:339-342.

Garzione C N, Quade J, DeCelles P G, et al., 2000b. Predicting paleoelevation of Tibet and the Himalaya from $\delta^{18}O$ vs. altitude gradients of meteoric water across the Nepal Himalaya. Earth and Planetary Science Letters, 183: 215-229.

Harrison T M, Copeland P, Kidd W S F, et al., 1992. Raising Tibet. Science, 255: 1663-1670.

Hébert R, Bezard R, Guilmette C, et al., 2012. The Indus–Yarlung Zangbo ophiolites from Nanga Parbat to Namche Barwa syntaxes, southern Tibet: First synthesis of petrology, geochemistry, and geochronology with incidences on geodynamic reconstructions of Neo-Tethys. Gondwana Research, 22: 377-397.

Hodges K, 2006. Climate and the evolution of mountains. Scientific American, 295: 74-79.

Ji W Q, Wu F Y, Chung S L, et al., 2009. Zircon U-Pb geochronological and Hf isotopic constraints on petrogenesis of the Gangdese batholith in Tibet. Chemical Geology, 262: 229-245.

Molnar P, England P, 1990. Late Cenozoic uplift of mountain ranges and global climate change: Chicken or egg? Nature, 346: 29-34.

Molnar P, England P, Martinod J, 1993. Mantle dynamics, the uplift of the Tibetan plateau, and the Indian monsoon. Review of Geophysics, 31: 357-396.

Molnar P, Boos W R, Battisti D S, 2010. Orographic controls on climate and paleoclimate of Asia: Thermal and mechanical roles for the Tibetan Plateau. Annual Review of Earth and Planet Science, 38: 77-102.

Nicolas A, Girardeau J, Marcoux J, et al., 1981. The Xigaze ophiolite (Tibet): A peculiar oceanic lithosphere. Nature, 294: 414-417.

Pan G T, Wang L Q, Li R S, et al., 2012. Tectonic evolution of the Qinghai-Tibet Plateau. Journal of Asian Earth Sciences, 53: 3-14.

Raymo M E, Ruddiman W F, 1992. Tectonic forcing of the Late Cenozoic climate. Nature, 359: 117-122.

Rowley D B, Currie B S, 2006. Palaeo-altimetry of the Late Eocene to Miocene Lunpola basin, central Tibet. Nature, 439: 677-681.

Rowley D B, Garzione C N, 2007. Stable isotope-based plaeoaltimetry. Annual Review of Earth and Planet Science, 35: 463-508.

Royden L H, Burchfiel B C, King R W, et al., 1997. Surface deformation and lower crustal flow in eastern Tibet. Science, 276: 788-790.

Saylor J E, Quade J, Dettman D L, et al., 2009. The Late Miocene through present paleoelevation history of southwestern Tibet. American Journal of Science, 309: 1-42.

Sengor A M C, 1985. The story of Tethys: How many wives did Okeanos have? Episodes, 8: 3-12.

Stampfli G M, Borel G D, 2004. The TRANSMED transect in spave and time: Constraints on the paleotectonic evolution of the Mediterranean domain. In: Cavazza W, Roure F M, Spakman W (eds). The TRANSMED Atlas, the Mediterranean Region from Crust to Mantle. Heidelberg: Springer.

van Hinsbergen D J J, Lippert P C, Dupont-Nivet G, et al., 2012. Greater India Basin hypothesis and a two-stage Cenozoic collision between India and Asia. Proceeding of National Academy of Sciences, 109: 7659-7664.

Williams H M, Turner S, Kelley S, et al., 2001. Age and composition of dikes in southern Tibet: New constraints on the timing of east-west extension and its relationship to postcollisional volcanism. Geology, 29: 339-342.

Wu F Y, Clift P D, Yang J H, 2007. Zircon Hf isotopic constraints on the sources of the Indus Molasse, Ladakh Himalaya, India. Tectonics, 26: TC2014, doi:10.1029/2006TC002051.

Wu F Y, Ji W Q, Wang J G, et al., 2014. Zircon U-Pb and Hf isotopic constraint on the onset time of India-Asia collision. American Journal of Sciences, 314: 548-579.

Xu Q, Ding L, Zhang L, et al., 2013. Paleogene high elevations in the Qiangtang Terrane, central Tibetan Plateau. Earth and Planetary Science Letters, 362: 31-42.

Yin A, Harrison T M, 2000. Geologic evolution of the Himalayan-Tibetan Orogen. Annual Review of Earth and Planet Science, 28: 211-280.

Zhang J J, Santosh M, Wang X X, et al., 2012. Tectonics of the northern Himalaya since the India-Asia Collision. Gondwana Research, 21: 939-960.

Zhu D C, Zhao Z D, Niu Y L, et al., 2011a. The Lhasa Terrane: record of a microcontinent and its histories of draft and growth. Earth and Planetary Science Letters, 301: 241-255.

Zhu D C, Zhao Z D, Niu Y L, et al., 2011b. Lhasa Terrane in southern Tibet came from Australia. Geology, 39: 727-730.

Zhu D C, Zhao Z D, Niu Y L, et al., 2013. The origin and pre-Cenozoic evolution of the Tibet Plateau. Gondwana Research, 23: 1429-1454.

印度-亚洲大陆碰撞带野外地质考察指南

第1章 拉萨市—林周县
（林周盆地及周边火山-沉积地层）

朱弟成　王建刚　王　青　刘安琳

林周盆地位于拉萨市北部，是南部拉萨地体或冈底斯地体的组成部分。这里有一段传说：1905~1908 年，Sven Hedin（斯文·赫定）开展他的第三次中亚考察，当他翻过喜马拉雅山以后，看见的是另一条山脉，后来他将其命名为 Trans-Himalaya（又称 Hedin Range），并在 1909 年出版的 *Trans-Himalaya* 一书中描述了他的经历与见闻。Trans-Himalaya 目前翻译很不规范，有"穿越喜马拉雅"、"横贯喜马拉雅"、"外喜马拉雅"、"后喜马拉雅"等。我们建议直接用冈底斯（Gangdese）替代 Trans-Himalaya，因为它其实就是我们现今的冈底斯－念青唐古拉山。

冈底斯地区有确切信息的早古生代变质地层出露在东部八一到米林一带，中新生代地层较为发育（表1-1），其中，叶巴组、桑日群和林子宗群是主要的火山岩地层。

表1-1　冈底斯东部拉萨—林周地区中新生代地层学格架

时代	地层		岩性简述
古近纪	林子宗群	帕那组	流纹英安质含角砾晶（玻）屑熔结凝灰岩，流纹质、安山质强熔结角砾岩，流纹英安质晶（玻）屑凝灰岩，上部常为流纹岩、英安岩，底部为复成分砾岩、含砾凝灰质岩屑砂岩、沉凝灰岩等
		年波组	含角砾晶（玻）屑熔结凝灰岩、含角砾含集块晶（玻）屑凝灰岩、火山角砾岩，含浮岩晶屑凝灰岩、玻屑凝灰岩，流纹岩、英安岩、安山岩、粗面岩、粗安岩等，与下伏地层呈角度不整合接触
		典中组	流纹质角砾状玻屑熔结凝灰岩、晶屑熔结凝灰岩夹流纹岩，底部为复成分砾岩、灰质砾岩、岩屑砂岩等，与下伏地层呈角度不整合接触
晚白垩世	设兴组		下部为杂色复成分砾岩、含砾中细粒钙质长石岩屑砂岩夹泥岩，上部为红褐、黄褐色岩屑砂岩、含铁钙质砂岩夹泥质粉砂岩与泥岩，局部夹泥灰岩与安山岩、层凝灰岩
早白垩世	塔克那组		主要为深灰色灰岩、泥灰岩、砂岩与泥页岩，局部夹凝灰质砂岩与含砾粗砂岩
	楚木龙组		以杂色粉砂岩、石英砂岩为主夹较多的砂砾岩、板岩、页岩
	林布宗组		主要为变砂岩、板岩和碳质泥岩夹煤层、安山质凝灰岩

续表

时代	地层		岩性简述
晚侏罗世—早白垩世	桑日群	比马组	变安山岩、变岩屑砂岩、粉砂岩、板岩夹大理岩
		麻木下组	下部为亮晶灰岩、生物碎屑灰岩、粉砂岩夹蚀变安山岩、凝灰质熔岩，上部为鲕粒灰岩、灰岩、含燧石团块或结核状结晶灰岩
晚侏罗世	多底沟组		主要为灰岩、泥灰岩、生屑灰岩夹砂页岩，局部夹安山岩
中侏罗世	却桑温泉组		主要为钙质页岩、粉砂质页岩与砾岩、砂砾岩、砂岩呈韵律互层，底部为砾岩、砂砾岩
早–中侏罗世	叶巴组		主要为轻度变质的变英安岩、安山岩、流纹岩、火山碎屑岩夹碎屑岩和碳酸盐岩

1.1 下侏罗统叶巴组火山岩

叶巴组原称"叶巴群"，是西藏地质局综合普查大队于1974年在达孜县叶巴沟创立的，原意是指分布在拉萨至达孜县之间的一套火山岩地层[①]。此后的区域地质调查将叶巴组的分布范围扩大到桑日县和墨竹工卡县之间[②③]。目前广为关注的叶巴组西起达孜县白定村，东至墨竹工卡县与桑日县交界处，近东西向长条状展布，南北最宽约30 km，东西长约250 km，两端尖灭。叶巴组主要为一套变火山–沉积地层。叶巴组火山岩主要由占优势的玄武岩、长英质熔岩和少量安山岩以及大量长英质火山碎屑岩（如凝灰岩、火山角砾岩和火山集块岩等）组成（Zhu et al., 2008）。玄武岩厚度从数十米（色岗村）变化到大约3000 m（百定村东），长英质火山岩厚度巨大，达2000~7000 m。长英质火山岩经历了绿片岩相变质作用，而玄武岩变质程度相对较低。叶巴组沉积岩主要由变泥质岩、灰岩和砂岩夹硅质岩组成，它们均经历了绿片岩相变质作用。叶巴组火山–沉积地层上部被上侏罗统多底沟组（J_3d）和白垩系门中组（$K_{1-2}m$）角度不整合覆盖，其中侵入了古近纪浅成岩、始新世二长花岗岩和花岗闪长岩（图1-1）。叶巴组火山–沉积地层至少被2期镁铁质岩墙（~188 Ma, Zhu et al., 2008; ~92 Ma, Ma et al., 2015）侵入。

在达孜县白定村，叶巴组主要岩性为灰绿色变玄武安山岩和变玄武岩，夹5~8层紫红色砂岩、变安山岩等，局部出现紫红色变基性熔结凝灰岩。在达孜大桥及其南部山沟中，叶巴组整体为一套单斜地层，向NNE陡倾，倾角约为60°。据层间劈理和岩层的关系判断其为倒转地层，岩石发生劈理化。中、下部为变安山岩，上部为英安岩和含角

---

① 西藏地质局综合普查大队，1979. 1∶100万拉萨幅地质图及说明书.
② 青海省区调综合地质大队，1994. 1∶20万下巴淌（沃卡）幅地质图及说明书.
③ 西藏地矿局区调队，2000. 1∶5万拉木、巴洛、普隆岗和班禅牧场幅地质图及说明书.

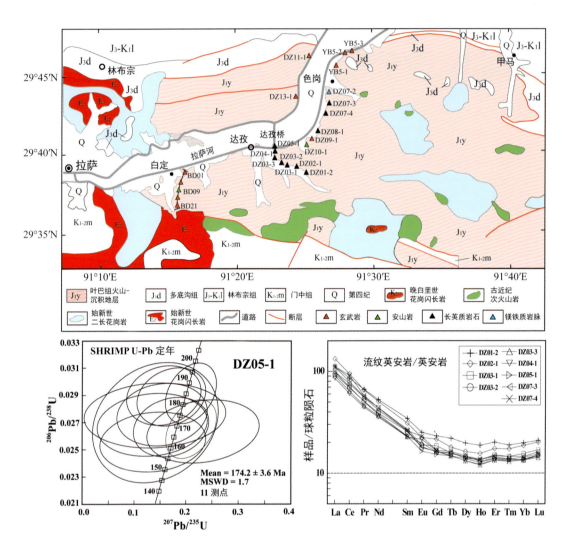

图1-1 达孜地区早侏罗世叶巴组火山岩分布图及岩石年龄和稀土元素配分样式图（Zhu et al., 2008）

砾英安岩，顶部有一层片理化大理岩。在拉萨河北岸的达孜大桥-林周、南岸的巴嘎雪村-色岗村一带，叶巴组以灰绿色英安岩、变玄武岩夹紫红色砂岩、凝灰岩为主。岩石具不同程度的片理化（耿全如等，2006）。

2000年以前，由于在巨厚的叶巴组变沉积地层中未发现具有时代意义的古生物化石，叶巴组火山岩的时代一直未能得到很好约束。后来，Yin和Grant-Mackie（2005）在叶巴组中发现了3个双壳类化石组合，将其年龄限定在三叠纪最晚期到中侏罗世。甲马沟叶巴组流纹岩（174.4 ± 1.7 Ma；董彦辉等，2006）和达孜大桥南桥头英安岩（174.2 ± 3.6 Ma；Zhu et al., 2008）的锆石SHRIMP U-Pb年龄数据，表明叶巴组长英质火山作用发生于中侏罗世早期。结合甲马沟侵位于叶巴组变沉积地层的基性岩脉的锆石SHRIMP年龄（188.1 ± 3.4 Ma；Zhu et al., 2008），叶巴组火山作用被限定在早侏罗世（约190~170 Ma），这一结果已得到学术界广泛接受。

在地球化学成分上，叶巴组火山岩以玄武岩和长英质岩石为主，安山岩很少，类似于双峰式火山岩（图 1-2a）。叶巴组玄武岩成分变化范围大，多数样品具有高的 Al_2O_3 含量并显示正 Eu 异常；叶巴组长英质火山岩明显亏损中稀土元素（MREE）（图 1-1）。叶巴组长英质火山岩很可能来源于富角闪石的新生下地壳(成分类似于叶巴组镁铁质岩）中等程度的部分熔融（20%~40%），而少量安山岩很可能来源于新生下地壳较高程度的部分熔融（约 70%）（图 1-2b）（Zhu et al., 2008）。

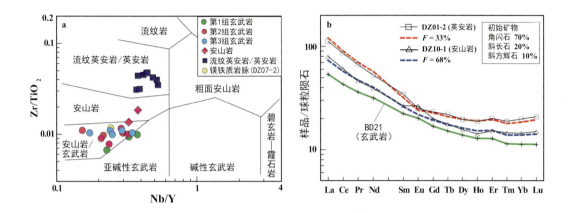

图 1-2　达孜地区叶巴组火山岩的岩石类型和稀土配分样式图

对叶巴组火山岩形成的地球动力学背景，目前存在两种观点：① 由雅鲁藏布新特提斯洋的北向俯冲产生的（Kang et al., 2014），② 与班公湖－怒江特提斯洋的南向俯冲有关（Zhu et al., 2011, 2013）。第一种观点主要面对的困难如下：① 最早放射虫化石指示雅鲁藏布新特提斯洋盆可能开启于中晚三叠世（王玉净等，2002; 朱杰等，2006），而拉萨地体目前发现的最老岩浆岩为晚三叠世早期（约 228 Ma）；② 南部拉萨地体晚三叠世时期的细碎屑岩、碳酸盐岩夹硅质岩沉积组合与预期的岩浆弧火山碎屑沉积岩不符；③ 无法解释拉萨地体从冈瓦纳大陆北缘裂解的机制。第二种观点将拉萨地体从冈瓦纳大陆北缘的裂离和雅鲁藏布新特提斯洋盆的开启，解释为班公湖－怒江洋壳南向俯冲引起的弧后扩张，但还需要寻找更多的与班公湖－怒江洋南向俯冲有关的弧盆系空间配置记录。

1.2　林周盆地林子宗火山岩

林子宗火山岩的名称最初来源于李璞 (1955)，原指林周县澎波盆地的一套白垩纪火山－沉积地层，为火山岩夹砂岩、泥灰岩，厚度 2300 m。西藏自治区地质矿产局 (1993)

称其为林子宗群，时代置于古新世—始新世。刘鸿飞 (1993) 在 1∶20 万区域地质调查资料基础上，将林子宗火山岩从下到上划分为典中组、年波组和帕那组，时代分别为古新世、始新世早期、始－渐新世早期，确立了林子宗火山岩的区域地层层序的基本格架。后来通过岩性和区域地层层序的对比，认为林子宗火山岩呈带状大面积分布于南部和中部拉萨地体 (图 1-3a)，并区域性角度不整合覆盖在强烈变形的上白垩统或更老地层之上。

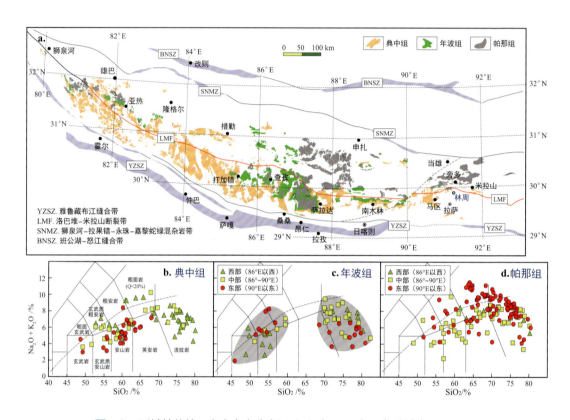

图 1-3　区域性的林子宗火山岩分布图（a）和 TAS 岩石类型划分图（b~d）
数据来自 1∶25 万区域地质调查报告和相关研究论文

综合分析 1∶25 万区域地质调查资料和近年相关研究资料可知：①典中组沿南部拉萨地体走向均有分布，年波组主要分布在打加错到昂仁以北一带，帕那组主要分布在昂仁以北和东部旁多一带（图 1-3a）。②典中组在打加错以东主要为中钾－高钾钙碱性玄武安山岩和安山岩，而西部地区主要为高钾钙碱性流纹岩（图 1-3b）；年波组从东到西沿走向表现出一致的特征，即主要由中钾－高钾钙碱性的中基性岩石（$SiO_2 < 60\%$）和酸性岩石（$SiO_2 > 68\%$）组成，存在明显的成分间断（图 1-3c）；帕那组在羊八井以东主要为高钾钙碱性（甚至钾玄质）粗面岩和流纹岩，发育厚层柱状节理的流纹质强熔结凝灰岩，在打加错到羊八井一带以成分较连续的中钾－高钾钙碱性玄武安山岩→流纹岩为特征（图 1-3d）。

林子宗火山岩在其命名地——东部林周盆地出露最好,研究程度最高。董国臣等(2005)对林周盆地开展了1∶5万火山地质填图(图1-4a)。

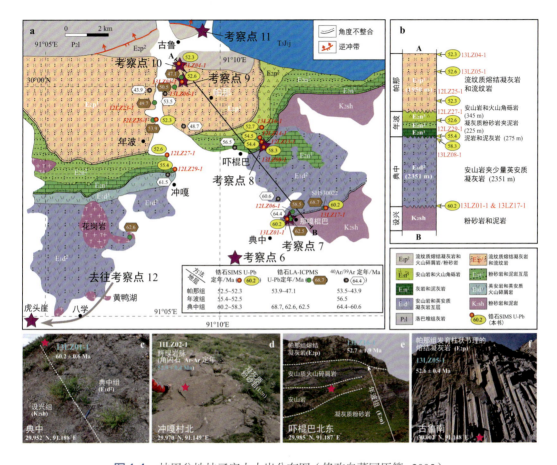

图1-4　林周盆地林子宗火山岩分布图(修改自董国臣等,2005)
a.地质图;b.柱状图;c.典中组和下伏设兴组不整合接触关系;d.侵位于年波组中的辉绿岩脉;
e.远观年波组及其与帕那组的接触关系;f.帕那组内部的柱状节理

典中组主体岩性为一套安山岩、安山质晶屑凝灰岩、安山质角砾凝灰岩、安山质火山角砾岩夹英安岩(图1-4b),底部发育薄层底砾岩,砾石呈浑圆状,成分主要为设兴组红色砂质砾岩。典中组底部的安山质火山角砾岩与下伏设兴组紫红色泥岩夹粉砂岩呈角度不整合接触(图1-4c)。

年波组下部为黄褐色薄层灰岩(单层厚度10~30 cm)、褐色泥灰岩及灰白色流纹质凝灰岩互层(图1-4b);底部常有底砾岩,砾石磨圆度较高,砾石成分主要为下伏典中组岩石(刘鸿飞,1993;董国臣等,2005)。年波组中部为含砾凝灰质砂岩、粉砂岩、泥岩夹凝灰岩和灰岩(图1-4b),在冲嘎村以北被角闪石$^{40}Ar/^{39}Ar$等时线年龄为52.5 Ma的辉绿岩脉侵位(图1-4d)(岳雅慧和丁林,2006)。年波组上部出现辉石安山岩、安山质凝灰岩、安山质火山角砾岩(图1-4e)。年波组与下伏典中组呈明显的角度不整合接触(图1-5)(刘鸿飞,1993;董国臣等,2005)。

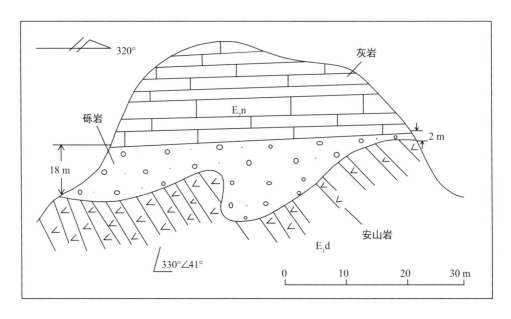

图 1-5　林周盆地典中村附近年波组 E_2n 与典中组 E_1d 之间的角度不整合素描（刘鸿飞，1993）

对林子宗火山岩的岩浆起源，目前的观点主要包括：

（1）起源于活动大陆边缘俯冲带之上（Coulon et al., 1986; Harris et al., 1988），从早到晚强烈富钾可能指示消减沉积物贡献的增加或类似于新近纪中安第斯的弧内挤压事件（Pearce and Mei, 1988）。

（2）起源于同碰撞过程中特提斯洋壳的部分熔融，Nb-Ta-Ti 的亏损与源区残留有钛铁矿和角闪石有关，Ba-Rb-Th-U-K 和 Pb 的富集与洋壳蚀变和成熟地壳物质（再循环大陆沉积物）加入有关（Mo et al., 2008）。

（3）钙碱性岩石（SiO_2 = 45%~80%）来源于地幔楔的部分熔融并伴随着分离结晶和同化混染（AFC 过程）或岩浆混合，钾玄质岩石（SiO_2 = 53%~71%）来源于交代岩石圈地幔的低程度熔融（Lee et al., 2012）。

对林子宗火山岩的构造含义，目前的认识主要包括：

（1）活动大陆边缘的弧型岩浆作用（Allègre et al., 1984; Coulon et al., 1986; Harris et al., 1988; Pearce and Mei, 1988; Aitchison et al., 2007）。

（2）接受印度-欧亚大陆碰撞发生在约 70~65 Ma 这一认识的同碰撞型岩浆作用（莫宣学等，2003; Mo et al., 2008）。

（3）约 70~50 Ma 雅鲁藏布洋壳岩石圈俯冲角度变陡和约 50 Ma 板片断离的产物（Chung et al., 2005, 2009; Lee et al., 2009, 2012）。

（4）印度-欧亚大陆碰撞发生在约 55 Ma，典中组和年波组之间持续时间约 3 Ma 的角度不整合指示了印度-欧亚大陆大陆的初始碰撞，典中组火山岩形成于俯冲晚期到初始碰撞阶段，年波组下部的陆相沉积物形成于印度-欧亚大陆之间的同碰撞，年波组晚期和帕那组双峰式火山岩是板片断离的结果（图1-6）（Zhu et al., 2015）。

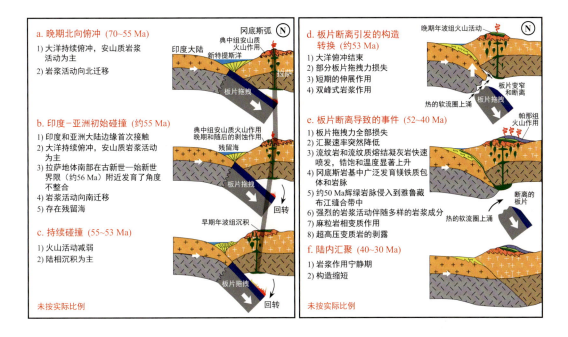

图1-6　林子宗火山岩和冈底斯岩基同期岩浆作用的构造解释（Zhu et al., 2015）

值得指出的是，出露完好的林周盆地林子宗火山岩还一直是确定拉萨地块古纬度的重要地质体。过去10多年来，虽然有较多古地磁数据发表，但得出的古纬度结果却截然不同(Chen et al., 2010, 2014; Dupont-Nivet et al., 2010; Liebke et al., 2010; Tan et al., 2010; Huang et al., 2013, 2015; Zhu et al., 2017)。此外，Ding等(2014)还发表过这些岩石形成时的古高度数据，认为林周盆地在当时已隆升到现今高度。

1.3　林周盆地白垩纪地层

林周盆地位于拉萨市林周县，是冈底斯带中生代地层和林子宗火山岩的主要出露地区（图1-7）。本次考察主要参观林周盆地白垩纪地层和林子宗火山岩。林周盆地出露的白垩纪地层主要包括楚木龙组、塔克那组和设兴组（图1-8）。

楚木龙组由含砾石英砂岩、岩屑石英砂岩和粉砂岩组成，地层中沉积构造较少，偶见槽状交错层理和冲刷层理，部分层位可见介壳化石。楚木龙组砂岩碎屑主要为石英，其次为长英质火山岩，显示较高的成分成熟度（Leier et al., 2007a）。楚木龙组的

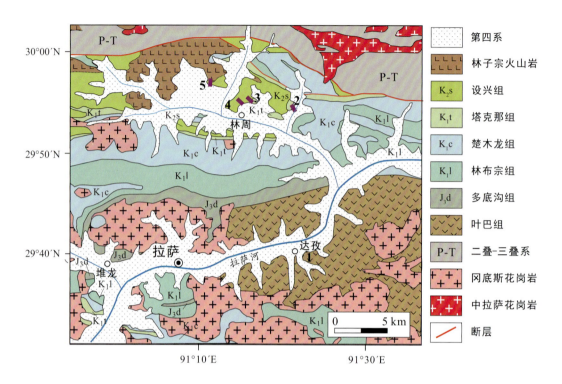

图 1-7　林周盆地地质图（数字显示考察点的位置，据 1∶25 万地质图）

碎屑锆石年龄除了古生代—前寒武纪年龄之外，中生代年龄集中在约 150 Ma，具有负的 $\varepsilon_{Hf}(t)$ 值（图 1-8），指示物源区为北拉萨或南羌塘。

塔克那组由泥岩、粉砂岩、泥灰岩、介壳灰岩、鲕粒灰岩、有孔虫灰岩组成。它与下伏楚木龙组和上覆设兴组均为整合过渡关系。沉积环境分析显示，塔克那组记录了一次海侵-海退过程（沉积古水深先加深然后变浅）。关于这次海侵目前具有不同的成因解释，包括：① 冈底斯弧后拉张（Zhang et al.，2004）；② 全球海平面变化（Leier et al.，2007b）；③ 拉萨-羌塘碰撞前陆盆地的构造沉降（Murphy et al.，1997）。

设兴组可分为四个岩性段：下部河流相砂岩、泥岩段；中部洪泛平原相泥岩段；上部河流相砂岩、泥岩段；顶部辫状河相粗砂岩段。物源分析表明，下段砂岩的碎屑物质主要来自于拉萨地体北部，中段仍以北侧物质为主，但开始出现南侧冈底斯碎屑物质，上段冈底斯物质占主要地位，但顶段出现大量中拉萨再旋回碎屑物质（图 1-8）。沉降历史分析表明，下段和中段对应快速的构造沉降，上段为缓慢沉降，顶段对应区域隆升。基于这些资料，Wang 等（2020）提出，设兴组记录了拉萨地体南缘由区域伸展到安第斯型挤压造山的构造转换。

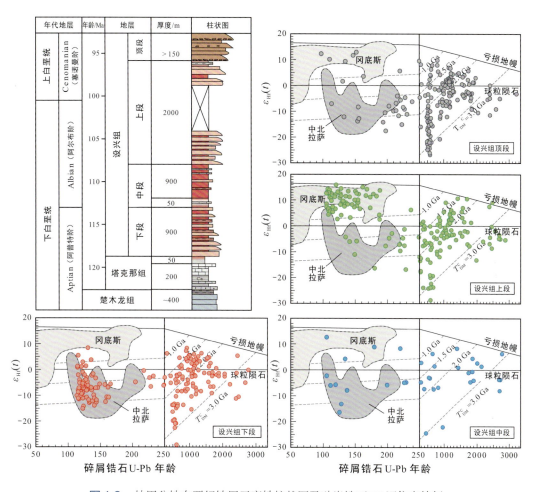

图 1-8　林周盆地白垩纪地层示意性柱状图及砂岩锆石 Hf 同位素特征

1.4　考察点

考察目的：① 认识下侏罗统叶巴组的岩性组成、变形和变质特征；② 观察林子宗群火山岩的岩性组成、不同岩性组之间的接触关系；③ 了解拉萨—林周地区中生代地层系统代表性露头的岩性组成、接触关系、沉积构造和沉积环境。

- **考察点 1（29°40′30.0″N，91°23′00.0″E）：达孜大桥南桥头，早侏罗世叶巴组（174 Ma）绿片岩相英安岩**

此处为叶巴组片理化英安岩露头。英安岩呈灰绿色，发生了绿片岩相变质作用，片状构造、假流动构造（图 1-9）。肉眼可见长石斑晶，显微镜下的斑晶主要为斜长石，顺片理化方向排列，发生了强绿帘石化、绿泥石化和绢云母化，可见斜长石聚片双晶；变斑晶为绿帘石、绿泥石和透闪石。基质为微晶粒状石英集合体和绢云母集合体相间组成条带。此处英安岩的锆石 SHRIMP U-Pb 年龄为 174.2 ± 3.6 Ma（Zhu et al., 2008）。

图 1-9　达孜大桥南桥头变英安岩（DZ05-1）显微照片
Pl 为斜长石

考察点 2（29°54′23.7″N, 91°21′45.7″E）：勒麦村楚木龙组和塔克那组

楚木龙组剖面位于勒麦村北，出露厚度约 100 m，为楚木龙组顶部地层（图 1-10）。主要为中－厚层石英质砂岩，局部见交错层理和介壳化石，向上过渡到塔克那组。

塔克那组位于勒麦村西，出露完整，厚度约 300 m。远观以灰白色为特征，主要为泥灰岩和生屑灰岩。塔克那组与下伏楚木龙组、上覆设兴组均为整合接触关系。

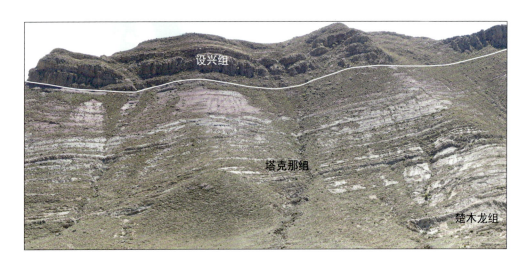

图 1-10　勒麦村塔克那组剖面远观照片（王建刚提供）

考察点 3（29°53′25.5″N, 91°16′45.6″E）：林周县城东侧公路边，远观设兴组

远观剖面位于林周县城北山坡，设兴组三段出露齐全（图 1-11）。下段在该剖面较薄，为中厚层紫红色砂岩夹泥质岩，与塔克那组一起位于山脚小山包，二者整合接触；中段主要为紫红色泥质岩，中部出现灰白色钙质页岩和薄层介壳灰岩（远观灰白色），整体地貌平坦，地势较低；上段为紫红色砂岩夹泥岩，地貌上为陡崖。

图 1-11　林周县北山设兴组剖面远观照片 (Leier et al., 2007a)

考察点 4（29°54′22.1″N, 91°13′24.0″E）：亚荣村西公路拐弯处设兴组露头

该露头为设兴组上部地层，主要为厚层状紫红色砂岩和泥质岩，发育槽状交错层理（图 1-12）。

图 1-12　亚荣村设兴组露头野外照片

考察点 5（29°57′5.9″N，91°11′52.5″E）：典中村设兴组与林子宗火山岩角度不整合

灰黑色林子宗火山岩不整合覆盖在设兴组紫红色砂泥岩之上（图 1-13）。区域上看，设兴组及更早的地层发生了严重的褶皱变形，而林子宗火山岩地层相对平整。设兴组的变形可能与冈底斯弧背冲断带的发育有关（Kapp et al., 2007）。

图 1-13　典中村设兴组-林子宗火山岩角度不整合

考察点 6（29°57′42.0″N，91°09′46.9″E）：远观林子宗火山岩，林子宗火山岩不同岩性组的空间分布及辉绿岩脉

在林周盆地典中村南西约 3 km 公路上，可宏观地观察林子宗火山岩的空间分布。山头灰色者为典中组（那嘎棍巴尼姑庵），紫红色者为年波组（吓棍巴和尚庙），更远处见柱状节理的山脊为帕那组；靠近典中村一侧那嘎棍巴尼姑庵坐落处，为典中组与设兴组角度不整合接触处；北偏西方向冲嘎村北的年波组火山-沉积地层中，见数条辉绿岩脉，其中一条岩脉（图 1-4d）的角闪石 $^{40}Ar/^{39}Ar$ 等时线年龄为 52.5 Ma（岳雅慧和丁林，2006）。西侧林子宗火山岩还被一些小的花岗斑岩株侵位，包括黄鸭湖岩体、八学岩体和虎头山岩体等（图 1-4a），其中虎头山岩体的锆石 SHRIMP U-Pb 年龄为 58.7 ± 1.1 Ma（王立全等，2006）。

考察点 7（29°57′07″N，91°11′51.3″E）：那嘎棍巴典中组与设兴组角度不整合

典中村北那嘎棍巴为典中组安山质火山角砾岩与设兴组紫红色粉砂岩构造界线点。在此处可以观察到设兴组紫红色粉砂岩及其中的火山岩夹层、典中组安山质火山角砾岩和安山岩、典中组与设兴组之间的角度不整合接触关系等。考察点南东为紫红色设兴组粉砂岩，地层倾向北西，其中夹数层玄武岩和安山岩，最近在玄武岩中新获得的斜长石

^{40}Ar/^{39}Ar 年龄为 90.6 ± 1.8 Ma（李晓雄等，2015）。考察点北西为典中组底部安山质火山角砾岩夹紫红色凝灰质砂岩，向上变为灰褐色蚀变辉石安山岩。

此处安山岩斜长石 ^{40}Ar/^{39}Ar 坪年龄为 64.4 ± 0.6 Ma（周肃等，2004），安山质火山角砾岩的锆石 LA-ICPMS U-Pb 年龄为 62.5 ± 1.1 Ma（MSWD = 3.5）（李皓扬等，2007），向东约 2 km 典中组底部流纹岩的锆石 LA-ICPMS U-Pb 年龄为 68.7 ± 2.4 Ma（MSWD = 3.6）（He et al., 2007）。后来的研究引用这些年龄数据，将林子宗火山岩最老时代限定在约 69 Ma。但我们在此处安山岩新获得的锆石 SIMS U-Pb 年龄为 60.22 ± 0.61 Ma（MSWD = 2.0），在 He 等（2007）采样处流纹质火山角砾岩获得的锆石 SIMS U-Pb 年龄为 60.23 ± 0.78 Ma（MSWD = 1.8）（Zhu et al., 2015）（图 1-14），从而将典中组底部年龄精确地限定在 60.2 Ma，而不是早期认为的约 69 Ma。

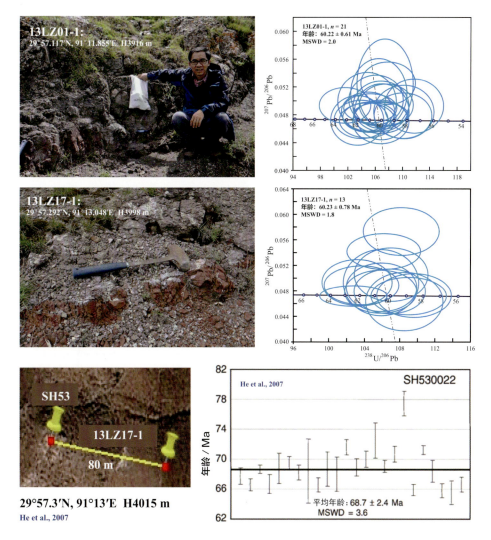

图 1-14　典中组底部火山岩与下伏设兴组接触关系和底部火山岩锆石 SIMS U-Pb 年龄（Zhu et al., 2015）

考察点 8（29°58′42.5″N，91°11′11.7″E）：吓棍巴年波组与典中组的角度不整合

在吓棍巴和尚庙东约 300 m 小沟，为典中组顶部灰色安山质火山角砾岩与年波组底部砾岩、灰岩不整合接触的构造界线点。可观察到典中组与年波组的接触关系、年波组的岩性组成、年波组和帕那组的接触关系。点南（小沟）为典中组顶部安山质火山角砾岩，点北为年波组灰岩、泥灰岩、泥岩夹灰白色流纹质凝灰岩，再向上可见数层灰岩、紫红色粉砂岩夹安山岩，顶部为安山质火山角砾岩（图 1-4e）。

在 1 件典中组顶部的安山质火山角砾岩样品的 11 颗锆石测点中，2 个最年轻的锆石 SIMS U-Pb 年龄为 58.3 ± 1.3 Ma（MSWD = 0.01）（Zhu et al., 2015）；年波组下部 2 件泥灰岩样品的锆石 SIMS U-Pb 年龄分别为 54.35 ± 0.47 Ma（MSWD = 1.1；12LZ13-1）和 54.45 ± 0.68（MSWD = 1.3；12LZ14-1）（Zhu et al., 2015），年波组上部 1 件灰紫色安山岩样品中（13LZ16-1），4 个测点的锆石 SIMS U-Pb 年龄为 52.7 ± 1.9 Ma（MSWD = 2.0；13LZ16-1）；结合在冲嘎北年波组底部流纹岩获得的 55.37 ± 0.45 Ma（MSWD = 2.0；12LZ29-1）锆石 SIMS U-Pb 年龄（图 1-4a），可将年波组的时代有效地限定在 55~53 Ma。

考察点 9（30°00′08.2″N，91°08′52.9″E）：帕那组内部熔结凝灰岩的柱状节理

在古鲁村南约 2 km 处为帕那组上部流纹质熔结凝灰岩露头，可以观察到熔结凝灰岩的成分特点及柱状节理的规模。岩石风化面呈灰褐色，新鲜面呈灰色，其中常含角砾，角砾成分为流纹质凝灰岩，大小在 2 cm × 3 cm~ 8 cm × 10 cm，厚约 100 m。

此处 1 件流纹质熔结凝灰岩样品的锆石 SIMS U-Pb 年龄为 52.58 ± 0.40 Ma（MSWD = 1.3；13LZ05-1）（Zhu et al., 2015）。

考察点 10（30°00′38.9″N，91°08′48.6″E）：帕那组上部流纹质火山角砾岩及其与顶部河湖相沉积岩的接触关系

在古鲁村南约 1 km 处为帕那组上部流纹质火山角砾岩露头，可以观察到帕那组上部火山碎屑岩的组成和成分特点及其与顶部河湖相沉积岩的产出关系。点北为帕那组顶部紫红色粉砂岩与灰色砂岩互层，点南为帕那组顶部火山角砾岩，角砾成分为安山质，见蚀变长石。此处代表了林周盆地火山活动的结束。

此处 1 件流纹质火山角砾岩样品的锆石 SIMS U-Pb 年龄为 52.29 ± 0.61 Ma（MSWD = 2.5；13LZ04-1）（Zhu et al., 2015）。结合年波村北 1 件帕那组流纹岩样品的锆石 SIMS U-Pb 年龄为 52.27 ± 0.45 Ma（MSWD = 0.8；12LZ25-1）（Zhu et al., 2015），精确地限定了林周盆地帕那组火山活动的时代（52.7~52.3 Ma），表明厚约 2 km 的火山岩很可能在 0.5 Ma 内喷发完成。

考察点 11（30°01′23.2″N, 91°09′33.9″E）：上三叠统—下侏罗统甲拉浦组灰岩与帕那组河湖相沉积岩的关系

古鲁村北约 0.5 km 处为上三叠统—下侏罗统甲拉浦组灰岩露头，可以观察到甲拉浦组灰岩与帕那组顶部河湖相沉积岩之间的关系。点北为甲拉浦组薄层状灰岩，点南为帕那组顶部紫红色粉砂岩与砂岩互层，甲拉浦组灰岩逆冲推覆到帕那组之上。此处也是南部和中部拉萨地体的分界线。其中，甲拉浦组厚约 630 m，下部为黑色泥岩、钙质页岩与灰色泥晶灰岩互层，中部为黑色泥岩、泥质粉砂岩夹黄褐色岩屑石英砂岩及石英砂岩，上部为泥质砂岩夹深灰色厚层结核及条带灰岩。植物、双壳类化石指示其时代为诺利期—早-中侏罗世（吴珍汉等，2003）。

考察点 12（29°54′25.1″N, 91°02′50.8″E）：西侧凯布村典中组与设兴组之间的角度不整合关系

此处为典中组与设兴组不整合接触地层界线点（图 1-15），可以观察到典中组与设兴组之间的角度不整合接触关系。点北为典中组火山角砾岩，点南为设兴组紫红色粉砂岩。与林周盆地其他地区不一样，这里的典中组以流纹质火山碎屑岩（包括熔结凝灰岩和火山角砾岩）为主（董国臣等，2005）。沿途可见典中组熔结凝灰岩的平卧柱状节理（图 1-15）。凯布地区的典中组火山岩无同位素年代学数据。

图 1-15　盆地西侧凯布村典中组与设兴组的不整合关系及典中组平卧柱状节理

参 考 文 献

董国臣, 莫宣学, 赵志丹, 等, 2005. 拉萨北部林周盆地林子宗火山岩层序新议. 地质通报, 24(6), 549-557.

董彦辉, 许继峰, 曾庆高, 等, 2006. 存在比桑日群弧火山岩更早的新特提斯洋俯冲记录么？岩石学报, 22(3): 661-668.

耿全如, 潘桂棠, 王立全, 等, 2006. 西藏冈底斯带叶巴组火山岩同位素地质年代. 沉积与特提斯地质, 26(1): 1-7.

李皓扬, 钟孙霖, 王彦斌, 等, 2007. 藏南林周盆地林子宗火山岩的时代、成因及其地质意义：锆石 U-Pb 年龄和 Hf 同位素证据. 岩石学报, 23(2): 493-500.

李璞, 1955. 西藏东部地质的初步认识. 科学通报, 7: 62-71.

李晓雄, 江万, 梁锦海, 等, 2015. 西藏林周盆地设兴组玄武岩地球化学特征及意义. 岩石学报, 31(5): 1285-1297.

刘鸿飞, 1993. 拉萨地区林子宗群火山岩系的划分和时代归属. 西藏地质, 2(10): 15-24.

莫宣学, 赵志丹, 邓晋福, 等, 2003. 印度-亚洲大陆主碰撞过程的火山作用响应. 地学前缘, 10(3): 135-148.

王立全, 朱弟成, 耿全如, 等, 2006. 西藏冈底斯带林周盆地与碰撞过程相关花岗斑岩的形成时代及其意义. 科学通报, 51(16): 1920-1928.

王玉净, 杨群, 松冈笃, 等, 2002. 藏南泽当雅鲁藏布江缝合带中的三叠纪放射虫. 微体古生物学报, 19(3): 215-227.

吴珍汉, 孟宪刚, 胡道功, 等, 2003. 中华人民共和国 1∶25 万区域地质调查报告当雄幅. 武汉：中国地质大学出版社.

西藏自治区地质矿产局, 1993. 西藏自治区区域地质志. 北京：地质出版社.

岳雅慧, 丁林, 2006. 西藏林周基性岩脉的 $^{40}Ar/^{39}Ar$ 年代学、地球化学及其成因. 岩石学报, 22(4): 855-866.

周肃, 莫宣学, 董国臣, 等, 2004. 西藏林周盆地林子宗火山岩 $^{40}Ar/^{39}Ar$ 年代格架. 科学通报, 49(20): 2095-2103.

朱杰, 杜远生, 刘早学, 等, 2006. 西藏雅鲁藏布江缝合带中段中生代放射虫硅质岩成因及其大地构造意义. 中国科学：D 辑, 35(12): 1131-1139.

Aitchison J C, Ali J R, Davis A M, 2007. When and where did India and Asia collide? Journal of Geophysical Research, 112, doi: 10.1029/2006JB004706.

Allègre C J, Courtillot V, Tapponnier P, et al., 1984. Structure and evolution of the Himalaya–Tibet Orogenic Belt. Nature, 307: 17-22.

Chen J S, Huang B C, Sun L S, 2010. New constraints to the onset of the India-Asia collision: Paleomagnetic reconnaissance on the Linzizong Group in the Lhasa Block, China. Tectonophysics, 489: 189-209.

Chen J S, Huang B C, Yi Z Y, et al., 2014. Paleomagnetic and $^{40}Ar/^{39}Ar$ geochronological results from the Linzizong Group, Linzhou Basin, Lhasa Terrane, Tibet: Implications to Paleogene paleolatitude and onset of the India–Asia collision. Journal of Asian Earth Sciences, 96: 162-177.

Chung S L, Chu M F, Zhang Y Q, et al., 2005. Tibetan tectonic evolution inferred from spatial and temporal variations in post-collisional magmatism. Earth-Science Reviews, 68: 173-196.

Chung S L, Chu M F, Ji J Q, et al., 2009. The nature and timing of crustal thickening in southern Tibet: Geochemical and zircon Hf isotopic constraints from postcollisional adakites. Tectonophysics, 477: 36-48.

Coulon C, Maluski H, Bollinger C, et al., 1986. Mesozoic and Cenozoic volcanic rocks from central and southern Tibet: $^{40}Ar/^{39}Ar$ dating, petrological characteristics and geodynamical significance. Earth and Planetary Science Letters, 79: 281-302.

Ding L, Xu Q, Yue Y H, et al., 2014. The Andean-type Gangdese Mountains: Paleoelevation record from the Paleocene–Eocene Linzhou Basin. Earth and Planetary Science Letters, 392: 250-264.

Dupont-Nivet G, Lippert P C, van Hinsbergen D J J, et al., 2010. Paleolatitude and age of the Indo-Asia collision: Paleomagnetic constraints. Geophysical Journal International, 182: 1189-1198.

Harris N B W, Xu R H, Lewis C L, et al., 1988. Plutonic rocks of the 1985 Tibet Geotraverse, Lhasa to Golmud. Philosophical Transactions of the Royal Society of London. Series A, 327, 145-168.

He S D, Kapp P, DeCelles P G, et al., 2007. Cretaceous-Tertiary geology of the Gangdese Arc in the Linzhou area, southern Tibet. Tectonophysics, 433: 15-37.

Huang W T, Dupont-Nivet G, Lippert P, et al., 2013. Inclination shallowing in Eocene Linzizong sedimentary rocks from Southern Tibet: Correction, possible causes and implications for reconstructing the India–Asia collision. Geophysical Journal International, 194: 1390-1411.

Huang W T, Dupont-Nivet G, Lippert P C, et al., 2015. What was the Paleogene latitude of the Lhasa terrane? A reassessment of the geochronology and paleomagnetism of Linzizong volcanic rocks (Linzhou Basin, Tibet). Tectonics, 34: 2014TC003787.

Kang Z Q, Xu J F, Wilde S A, et al., 2014. Geochronology and geochemistry of the Sangri Group volcanic rocks, southern Lhasa Terrane: Implications for the early subduction history of the neo-Tethys and Gangdese magmatic arc. Lithos, 200-201: 157-168.

Kapp P, DeCelles P G, Leier A L, et al., 2007. The Gangdese retroarc thrust belt revealed. GSA Today, 17, doi: 10.1130/GSAT01707A.1.

Lee H Y, Chung S L, Lo C H, et al., 2009. Eocene Neotethyan slab breakoff in southern Tibet inferred from the Linzizong volcanic record. Tectonophysics, 477: 20-35.

Lee H Y, Chung S L, Ji J Q, et al., 2012. Geochemical and Sr-Nd isotopic constraints on the genesis of the Cenozoic Linzizong volcanic successions, southern Tibet. Journal of Asian Earth Sciences, 53: 96-114.

Leier A L, Decelles P G, Kapp P, et al., 2007a. Lower Cretaceous strata in the Lhasa Terrane, Tibet, with implications for understanding the early tectonic history of the Tibetan Plateau. Journal of Sedimentary Research, 77: 809-825.

Leier A L, DeCelles P G, Kapp P, et al., 2007b. The Takena Formation of the Lhasa Terrane, southern Tibet: The record of a Late Cretaceous retroarc foreland basin. Geological Society of America Bulletin, 119: 31-48.

Liebke U, Appel E, Ding L, et al., 2010. Position of the Lhasa terrane prior to India–Asia collision derived from palaeomagnetic inclinations of 53 Ma old dykes of the Linzhou Basin: Constraints on the age of collision and post-collisional shortening within the Tibetan Plateau. Geophysical Journal International, 182: 1199-1215.

Ma L, Wang Q, Wyman D A, et al., 2015. Late Cretaceous back-arc extension and arc system evolution in the Gangdese area, southern Tibet: Geochronological, petrological, and Sr-Nd-Hf-O isotopic evidence from Dagze diabases. Journal of Geophysical Research-Solid Earth, 120(9): 6159-6181.

Mo X X, Niu Y L, Dong G C, et al., 2008. Contribution of syncollisional felsic magmatism to continental crust growth: A case study of the Paleocene Linzizong Volcanic Succession in southern Tibet. Chemical Geology, 250: 49-67.

Murphy M A, Yin A, Harrison T M, et al., 1997. Did the Indo-Asian collision alone create the Tibetan Plateau?. Geology, 25: 719-722.

Pearce J A, Mei H J, 1988. Volcanic rocks of the 1985 Tibet Geotraverse: Lhasa to Golmud. Philosophical Transactions of the Royal Society of London, Series A, Mathematical and Physical Sciences, 327: 169-201.

Tan X D, Gilder S, Kodama K P, et al., 2010. New paleomagnetic results from the Lhasa Block: Revised estimation of latitudinal shortening across Tibet and implications for dating the India-Asia collision. Earth and Planetary Science Letters, 293: 396-404.

Wang J G, Hu X M, Garzanti E, et al., 2020. From extension to tectonic inversion: Mid-Cretaceous onset of Andean-type orogeny and topographic growth on the Lhasa block, southern Tibet. GSA Bulletin, doi.org/10.1130/B35314.1.

Yin J, Grant-Mackie J A, 2005. Late Triassic–Jurassic bivalves from volcanic sediments of the Lhasa Block, Tibet. New Zealand Journal of Geology and Geophysics, 48: 555-576.

Zhang K J, Xia B D, Wang G M, et al., 2004. Early Cretaceous stratigraphy, depositional environments, sandstone provenance, and tectonic setting of central Tibet, western China. Geological Society of America Bulletin, 116: 1202-1222.

Zhu D C, Pan G T, Chun S L, et al., 2008. SHRIMP zircon age and geochemical constraints on the origin of Early Jurassic volcanic rocks from the Yeba Formation, southern Gangdese in south Tibet. International Geology Review, 50: 442-471.

Zhu D C, Zhao Z D, Niu Y L, et al., 2011. The Lhasa Terrane: Record of microcontinent and its histories of drift and growth. Earth and Planetary Science Letters, 301: 241-255.

Zhu D C, Zhao Z D, Niu Y L, et al., 2013. The origin and pre-Cenozoic evolution of the Tibet Plateau. Gondwana Research, 23: 1429-1454.

Zhu D C, Wang Q, Zhao Z D, et al., 2015. Magmatic record of India-Asia collision. Scientific Reports, 5: 14289.

Zhu D C, Wang Q, Zhao Z D, 2017. Constraining quantitatively the timing and process of continent-continent collision using magmatic record: Method and examples. Science China Earth Sciences, 60: 1040-1056.

印度－亚洲大陆碰撞带野外地质考察指南

第 2 章　拉萨—曲水—大竹卡—日喀则
（冈底斯岩基与然巴淡色花岗岩）

纪伟强　刘志超

2.1 冈底斯岩基

冈底斯岩基位于我国青藏高原南部拉萨地块南缘，介于冈仁波齐峰和南迦巴瓦峰（东构造结）之间（图 2-1 中粉色部分）。它属于亚洲大陆南缘（拉萨地块）活动大陆边缘岩浆弧的重要组成部分，其形成主要与新特提斯洋的北向俯冲有关。中生代—新生代早期新特提斯洋的北向俯冲在亚洲大陆南缘形成了一条巨型的岩浆弧，自西向东从巴基斯坦北部的科西斯坦（Kohistan）和印度西北部拉达克（Ladakh），经我国西藏南部（冈底斯）、云南西部（滇西），向南延伸到缅甸境内，全长超过 3000 km（图 2-1）。冈底斯岩基为拉萨地块南缘大陆弧受隆升–剥蚀作用而出露的侵入岩，其对应的大陆弧火山活动形成了拉萨地块南缘的中、新生代火山岩，如早–中侏罗世叶巴组（董彦辉等，2006; 耿全如等，2006; 黄丰等，2015; Zhu et al., 2008; Ma et al., 2017a; Wei et al., 2017）、侏罗纪—白垩纪桑日群（Zhu et al., 2009; Kang et al., 2014;

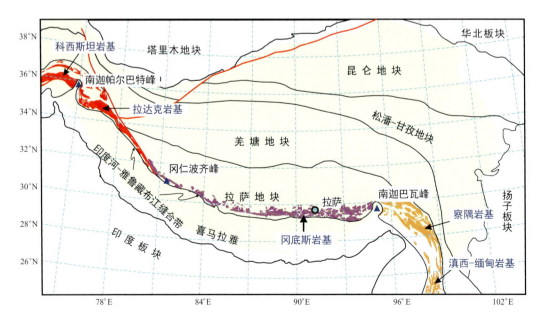

图 2-1 冈底斯岩基分布图

康志强等，2015）和白垩纪末—始新世林子宗群（莫宣学等，2003；陈贝贝等，2016；Lee et al., 2009; Zhu et al., 2015）等。最近，Wang 等 (2016) 在拉萨南部的昌果地区新发现了中-晚三叠世火山岩（237~211 Ma），认为与新特提斯洋的早期俯冲有关。这也是目前报道的拉萨地块南缘中生代以来的最早岩浆活动。

2.1.1 冈底斯岩基岩浆活动历史

冈底斯岩基具有长期的岩浆活动历史，已发表的侵入岩的锆石 U-Pb 年龄反映岩浆活动从晚三叠世一直持续到中新世（如 Schärer et al., 1984; Chung et al., 2003; Mo et al., 2005; Chu et al., 2006; Wen et al., 2008; Ji et al., 2009; Zhu et al., 2011; Jiang et al., 2014; 张宏飞等，2007；纪伟强等，2009；及其中文献）。此外，拉萨地块南缘局部地区（如加查—朗县地区）还发现了晚古生代花岗岩（367~345 Ma），但其形成应与新特提斯洋俯冲无关（Ji et al., 2012a; Dong et al., 2014; 董昕等，2010；吴兴源等，2013）。现有侵入岩锆石 U-Pb 定年结果表明，冈底斯岩基以晚白垩世和古新世—始新世岩浆活动为主，并且不同地区侵入岩年龄组成具有明显的差异（图 2-2; Ji et al., 2014）。拉萨以东地区晚白垩世和白垩纪末—古新世早期侵入岩出露较多，而拉萨以西地区最主要岩浆活动为古新世—始新世，尤其是在 50 Ma 左右存在明显的岩浆峰期。在岩浆活动峰期，冈底斯岩基中段（拉萨—谢通门地区）还存在广泛的基性岩浆作用（Dong et al., 2005; 董国臣等，2008）；曲水岩基广泛发育细粒暗色包体，并且暗色微粒包体、寄主花岗岩及其中的基性、酸性岩脉都形成于 50 Ma 左右（Mo et al., 2005; Ji et al., 2009）。始新世中期之后拉萨地块南缘岩浆活动强度明显变弱（Chung et al., 2005, 2009; Wen et al., 2008; Ji et al., 2009）。

然而，渐新世—中新世拉萨地块岩浆作用具有明显增强的趋势，该时期岩浆作用特点相比大洋俯冲时期具有较明显变化，总体上具有分布范围广、岩浆活动规模小的特征。该时期岩浆活动分布不只局限于拉萨地块南缘，而是在整个拉萨地块（Chung et al., 2003, 2005; Hou et al., 2004; Zhao et al., 2009; Chen et al., 2011; Liu et al., 2014）、日喀则弧前沉积及雅鲁藏布江缝合带内部（陈希节等，2014; Chan et al., 2009; Li et al., 2017）都有发育，可以分为钾质-超钾质岩和钙碱性埃达克岩两种类型。岩石产状变化较大，包括火山熔岩、岩颈、岩脉和岩墙群等，岩石产出多与南北向裂谷和正断层密切相关（Williams et al., 2001），并穿切了早期冈底斯岩基及其他早期火山沉积地层等（Chung et al., 2005; Zhao et al., 2009; 及其中文献）。

根据地表岩浆岩露头确定的冈底斯岩基岩浆作用年代学格架，并不能完整反映早期弧岩浆活动发育情况，因为强烈的后期隆升与剥蚀已对早期岩浆记录造成明显破坏。针对这一情况，Wu 等 (2010) 对日喀则弧前盆地沉积序列的碎屑锆石进行了分析，确认冈底斯岩基还曾广泛发育中、晚侏罗世和早白垩世两期岩浆活动（图 2-2a），只是这些岩石由于遭受强烈的剥蚀而消失殆尽。这一认识也得到更多弧前沉积碎屑锆石研究的支持 (An et al., 2014)。

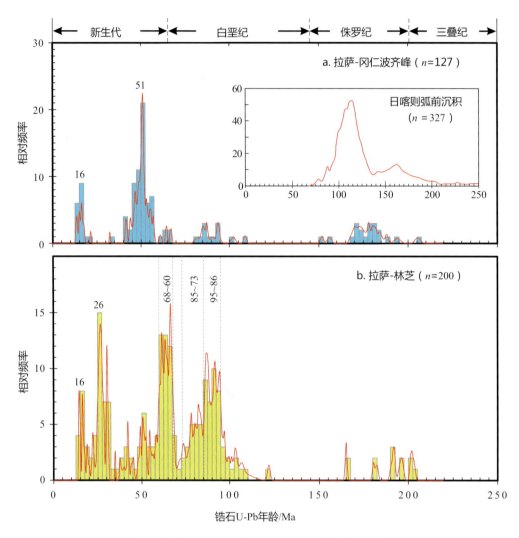

图 2-2　冈底斯岩基年龄汇总图（Ji et al., 2014）

2.1.2　岩石学与地球化学特征

冈底斯岩基侵入岩岩石组合与弧岩浆岩一致，从辉长岩到花岗岩都有发育，包括辉长岩、辉长闪长岩、闪长岩、英云闪长岩、花岗闪长岩、二长花岗岩和花岗岩等不同类型，其中以花岗闪长岩和二长花岗岩最为广泛。岩石组成矿物包括石英、角闪石、斜长石、钾长石、黑云母及少量辉石和白云母等。岩石类型主要为 I 型，未发现典型的 S 型和 A 型花岗岩。岩石结构构造方面，包括等粒、斑状和似斑状结构，块状、片麻状及糜棱构造。晚古生代和中生代早期花岗岩多发生了较明显的变形，其他时代花岗岩未经历明显的变形作用。

冈底斯岩基中、新生代花岗岩整体上具有与弧岩浆岩相似的地球化学特征，在 SiO_2-K_2O 图解中主要落入中钾－高钾钙碱性系列，在 A/CNK-A/NK 图解中主要表现出偏铝质－弱过铝质性质；微量元素上富集大离子亲石元素和轻稀土元素，相对亏损高场强元素（Nb、Ta、Ti等）（纪伟强等，2009）。冈底斯岩基不同时期岩浆岩的主、微量元素地球化学组成具有较大的相似性，即都具有弧型岩浆岩地球化学特征；在常用的花岗岩构造环境判别图解中主要落入火山弧花岗岩区域（纪伟强等，2009）。然而，冈底斯岩基的岩浆发育历史（晚三叠世—中新世）已经跨越了大洋俯冲—陆陆碰撞—碰撞后等板块汇聚的不同阶段。这表明花岗岩形成构造环境的判别不能简单地依靠这些地球化学图解。冈底斯岩基侵入岩普遍具有原始的同位素组成，尤其是中生代岩浆岩（Ji et al., 2009; Zhu et al., 2011; Hou et al., 2015; 纪伟强等, 2009; 及其中文献）；从新生代早期开始，岩浆岩同位素组成具有明显的富集演化趋势，可能与岩浆源区中俯冲的印度大陆古老陆壳物质的涉入有关（Ji et al., 2009, 2012b; Chu et al., 2011）。

2.1.3 岩石成因概述

冈底斯岩基中生代岩浆活动一般认为是新特提斯洋俯冲成因（Chu et al., 2006; Wen et al., 2008; Wang et al., 2016; 张宏飞等, 2007; 纪伟强等, 2009），也有部分学者认为与班公湖－怒江洋的南向俯冲有关（Pan et al., 2012; Zhu et al., 2013）。其中，晚白垩世早期较强的岩浆活动可能与新特提斯洋洋脊俯冲有关（Zhang et al., 2010），或者与大洋板片反转（slab roll-back）导致的弧后伸展相关（Ma et al., 2015）。晚白垩世—古新世早期岩浆活动可能与新特提斯洋板片反转（Coulon et al., 1986; Ding et al., 2003; Chung et al., 2005; Wen et al., 2008）和/或拉萨地块增厚岩石圈的拆沉有关（Ji et al., 2014）。古新世—始新世岩浆活动，一般认为是与印度－欧亚大陆碰撞相关的同碰撞岩浆作用（莫宣学等，2005），其形成与新特提斯洋板片的反转—断离相关（Chung et al., 2005; Lee et al., 2009; Zhu et al., 2015）。

冈底斯岩基渐新世—中新世花岗岩多具有钙碱性埃达克质特征，并伴随有钾质－超钾质岩发育，但超钾质岩主要分布在拉萨地块的中、西部地区（Miller et al., 1999; Chung et al., 2003, 2005; Hou et al., 2004; Zhao et al., 2009; Liu et al., 2017）。一般认为该时期埃达克质花岗岩（26~10 Ma）来源于碰撞后增厚大陆下地壳的部分熔融（Chung et al., 2003; Hou et al., 2004），同期超钾质岩浆（25~8 Ma）来源于交代富集岩石圈地幔（Miller et al., 1999; Ding et al., 2003; Zhao et al., 2009）或地幔楔（Guo et al., 2013, 2015）的部分熔融。拉萨地块渐新世—中新世岩浆岩的成因解释涉及多种动力学模型，如碰撞后增厚岩石圈的拆沉或对流减薄（Turner et al., 1996; Miller et al., 1999; Williams et al., 2001; Chung et al., 2003, 2005）、新特提斯洋板片（Miller et al., 1999）或印度大陆板片（Mahéo et al., 2002）的断离、印度大陆岩石圈俯冲（Ding et al., 2003; Gao et al., 2009; Zhao et al., 2009）或俯冲角度变陡（Xu et al., 2010）等。

需要指出的是渐新世—中新世超钾质岩分布明显受南北向裂谷（正断层）控制，两者的发育时间也密切相关（Williams et al., 2001）。青藏高原南北向裂谷的广泛发育，被用来指示高原东西向伸展作用的存在。南北向裂谷的发育有多重成因解释（丁林等，2006），其中有学者认为该裂谷系统的发育指示了高原的隆升状态，即高原隆升已经达到最大高度并使其重力势能超过了印度-亚洲大陆南北向汇聚作用的支撑，之后高原进入伸展—垮塌阶段（Houseman et al., 1981; England and Houseman, 1986）。鉴于青藏高原的隆升可能导致了高原邻区乃至全球新生代气候的变化（Molnar et al., 1993），超钾质岩和南北向裂谷的研究具有重要的科学意义，因为超钾质岩的形成时间可以限制裂谷的发育时间（Williams et al., 2001）。超钾质岩的形成与深部岩石圈地幔的减薄和熔融相关，并且该减薄作用导致了高原的隆升（Houseman et al., 1981; England and Houseman, 1986）。

2.1.4 冈底斯岩基相关矿床

冈底斯岩基发育过程中伴随着多阶段成矿作用（图 2-3），主要包括大洋俯冲时期雄村侏罗纪斑岩型 Cu-Au 矿床（成岩年龄 182~160 Ma，成矿年龄 173~161 Ma；Lang et al., 2014；及其中文献）、泽当地区晚白垩世早期克鲁（90~93 Ma；Jiang et al., 2012）和桑布加拉（成矿年龄 93.3±4.1 Ma；赵珍等，2012）夕卡岩型 Cu-Au 矿床。新生代碰撞同期和碰撞后还发育有多期成矿事件，包括始新世吉如斑岩型 Cu-Mo 矿床（成矿年龄 44.9±2.6 Ma 和 15.2±0.4 Ma；Zheng et al., 2014）、泽当冲木达-努日-明则矿区（夕卡岩、斑岩型）Cu-Au(W)-Mo 矿床（成矿年龄 40~23 Ma；闫学义等，2010；及其中文献）。冈底斯岩基最主要的一期成矿事件集中在中新世（18~13 Ma），与中新世斑岩相伴产出一系列大型-超大型 Cu-Mo 矿床，并且这些碰撞后背景形成的斑岩型矿床与岛弧背景产出的斑岩型矿床具有很多相似性（Hou et al., 2009 及其中文献）。

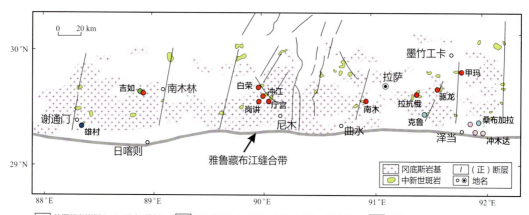

图 2-3　冈底斯岩基中新生代矿床分布图（据 Hou et al., 2009 修改）

2.2 然巴穹窿及其淡色花岗岩

2.2.1 喜马拉雅淡色花岗岩概述

在雅鲁藏布江缝合带以南的喜马拉雅地区，分布有两条世界瞩目的新生代淡色花岗岩带（图 2-4）。南带主要沿高喜马拉雅和特提斯喜马拉雅之间的藏南拆离系（STDS）分布，俗称高喜马拉雅淡色花岗岩带，构成喜马拉雅山的主体。北带淡色花岗岩位于特提斯喜马拉雅单元内，又被称之为特提斯喜马拉雅淡色花岗岩带。这些花岗岩多以规模不等的岩席、岩床、岩脉形式侵入到周边沉积-变质岩系之中，或者呈岩株状产出于变质穹窿的核部。

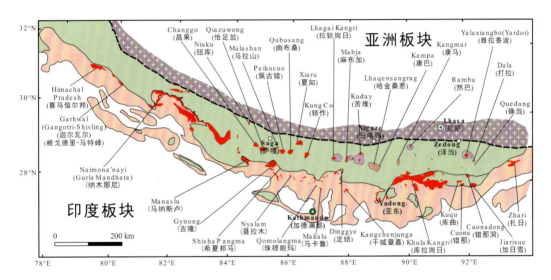

图 2-4 喜马拉雅淡色花岗岩分布图（吴福元等, 2015）

上述两带中的淡色花岗岩在矿物组成和岩石类型上表现为惊人的相似性，主要由不同比例的石英、钾长石、斜长石、黑云母（<5%）、白云母、电气石和石榴子石等构成二云母花岗岩、电气石花岗岩和石榴石花岗岩三大主要岩石类型。地球化学特征上（图 2-5），这些花岗岩具有高 Si、Al、K，低 Ca、Mg、Fe、Ti 的特点，接近花岗岩的低共熔点组分。绝大多数淡色花岗岩具有较高的含铝指数，因而又属于过铝花岗岩。由于特殊的地理位置和独特的岩石特征，喜马拉雅淡色花岗岩已被写进各类岩石学教科书，并被认为是原地-近原地侵位的纯地壳来源的低熔花岗岩的代表，指示了一种挤压的同碰撞地球动力学背景。近年来，随着研究不断深入，学术界对喜马拉雅淡色花岗岩的成因问题取得了许多突破性认识，推翻了原有认知。① 相对于传统观点认为的喜马拉雅淡色花岗岩来自高喜马拉雅岩系的低程度部分熔融（Harris and Inger, 1992；Patiño-Douce and Harris, 1998），没有经历明显的结晶

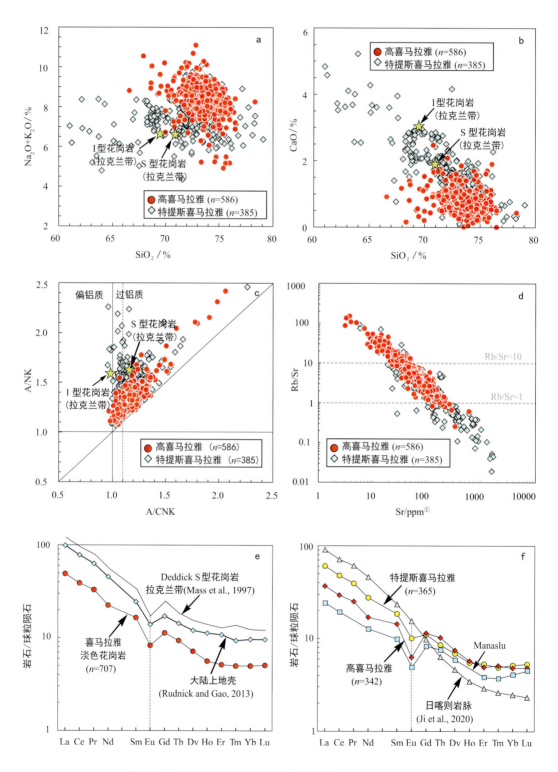

图 2-5 喜马拉雅淡色花岗岩地球化学特征 (Wu et al., 2020)
① 1ppm=1×10^{-6}

分异作用（Inger and Harris，1993）。已有研究表明，喜马拉雅淡色花岗岩在成岩过程中大多经历了高度结晶分异作用，并有部分岩石属于典型的高分异花岗岩（Liu et al., 2014，2016）。吴福元等（2015）进一步指出，该花岗岩是真正意义上的异地深成侵入体，而并不是原地或半原地的部分熔融体。或者说，该花岗岩的形成与周围高喜马拉雅岩石的变质作用/深熔作用无关。② 早期研究认为，喜马拉雅淡色花岗岩主要是变泥质岩通过脱水熔融方式形成（白云母或黑云母脱水）（Le Fort, 1981；Patiño-Douce and Harris，1998），但近期的一系列研究发现喜马拉雅淡色花岗岩具有更复杂的源区和多样的深熔方式。除变泥质岩的脱水熔融外，还包括：角闪石岩部分熔融作用（Zeng et al., 2009，2011，2015；高利娥等，2009）、变沉积岩水致部分熔融（Zhang et al., 2004；Guo and Wilson, 2012；Gao et al., 2017）。另外，在部分淡色花岗岩中还发现有幔源物质的贡献（Zheng et al., 2016）。由于大部分岩石在形成过程中经历了高度结晶分异作用，这类花岗岩岩浆源区的性质或成因类型目前难以确定。③ 早期工作认为，喜马拉雅淡色花岗岩主要形成于约 23~10 Ma 的中新世（Schärer et al., 1986；Edwards and Harrison, 1997；Harrison et al., 1999）。近十余年来的研究结果显示，喜马拉雅淡色花岗岩浆活动时间从约 45 Ma 一直持续到现今（张宏飞等，2004；Ding et al., 2005；戚学祥等，2008；Zeng et al., 2011，2015；Guo and Wlison, 2012; Hou et al., 2012; Liu et al., 2014; Gao et al., 2016; 曾令森和高利娥，2017）。根据形成年龄和地质-地球化学特征，可以将喜马拉雅淡色花岗岩划分为原喜马拉雅（44~26 Ma）、新喜马拉雅（26~13 Ma）和后喜马拉雅（13~7 Ma）三大阶段（图 2-6）（吴福元等，2015）。其中第一阶段对应印度-亚洲大陆汇聚而导致的大陆碰撞造山作用，而后两个阶段与喜马拉雅-青藏高原造山带的拆沉作用有关（造山带去根、垮塌和岩石圈伸展），对应青藏高原的全面隆升。显然，这些花岗岩并不能代表一种同碰撞的构造环境。④ 近年来关于喜马拉雅淡色花岗岩研究的一个重大进展是，发现这些花岗岩广泛发生稀有金属矿化作用（王汝成等，2017；Wu et al., 2020），有可能成为我国未来稀有金属矿产勘查的重点靶区（吴建阳等，2015；李光明等，2017；张志等，2017）。

2.2.2　然巴穹窿及其淡色花岗岩

然巴穹窿位于北喜马拉雅片麻岩穹窿带的东部，总面积约 40 km²，构造位置邻近南北向亚东-谷露裂谷系。郭磊等（2008）对该穹窿构造演化进行了系统的研究，认为然巴穹窿主要经历了 3 期变形：第一期上盘向北北西运动，可能与藏南拆离系活动有关；第 2 期为主变形期，与东西向伸展相关，各单元上盘统一向东运动，形成然巴穹窿的主要构造特征；第 3 期为穹窿向外的垮塌下滑。根据他们的工作，然巴穹窿可以划分为三个岩石单元，由外到内依次为：外部低级变质岩，中部中高级变质岩，核部淡色花岗岩体（图 2-7）。本次考察内容包括典型的穹窿构造、出露于穹窿中的区域变

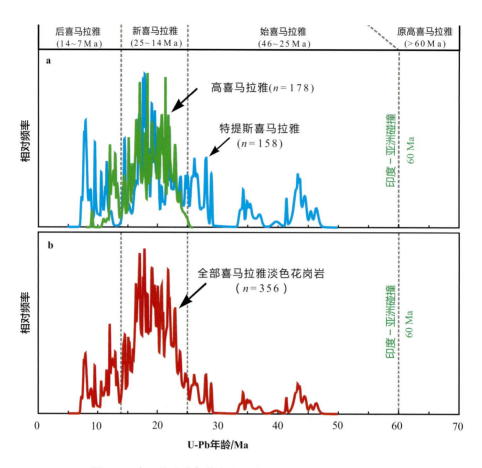

图 2-6 喜马拉雅淡色花岗岩形成阶段划分 (Wu et al., 2020)

质岩和淡色花岗岩。关于该穹窿中的淡色花岗岩，廖忠礼等（2006）曾进行过初步研究，Liu 等（2014）进行了系统的年代学和岩石学工作。

根据锆石、独居石和磷钇矿获得的 U-(Th-)Pb 年代学结果，然巴淡色花岗岩可以分为 44 Ma、28 Ma 和 8 Ma 三个世代（Liu et al., 2014）。始新世淡色花岗岩岩性为似斑状二云母花岗岩，它具有与喜马拉雅其他地区广泛分布的中新世淡色花岗岩不同的岩石学和地球化学特征，与东部雅拉香波穹窿附近的打拉似斑状二云母花岗岩（约 44 Ma）相似。相对较高的黑云母含量，偏基性的全岩成分（图 2-8，图 2-9），轻重稀土分异显著，无或弱的 Eu 负异常（图 2-10），较为亏损的 Sr-Nd-Hf 同位素组成（图 2-11），岩浆温度较高（图 2-12），这些特征指示其主要通过深部地壳基性岩深熔作用形成。渐新世淡色花岗岩岩性和地球化学特征与始新世花岗岩相似，但相对具有更高的 Sr 含量和 Sr/Y 比值（图 2-9），表现出埃达克岩特征。

然巴晚中新世（8 Ma）淡色花岗岩主要包括两种岩石类型：二云母型和石榴石白云母型。二云母花岗岩构成了然巴岩体的主要部分，主要矿物组合为斜长石、碱性长石、

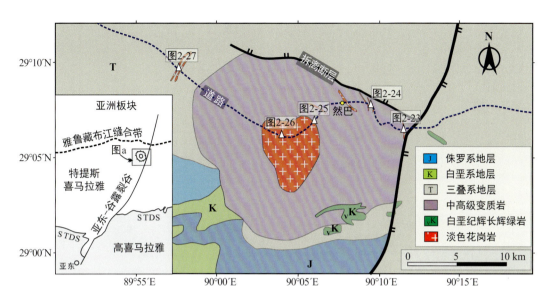

图 2-7 然巴穹窿地质简图

石英、白云母和黑云母,副矿物主要有锆石、磷灰石、独居石、磷钇矿,偶见萤石。石榴石白云母花岗岩主要以脉体形式侵入岩体四周的围岩中(无变形,切穿围岩片理),少量分布在岩体的边缘部分或以囊状体、微小脉体形式出现在岩体内部,岩石中常常缺乏黑云母,副矿物主要有磷灰石、锆石、独居石,并常常出现稀有金属矿物如绿柱石、铌铁矿-钽铁矿、烧绿石-细晶石、锡石等。在化学成分上,石榴石白云母花岗岩相对二云母花岗岩更偏酸性,具有更低的 TiO_2、FeO^T、MgO、CaO、Sr、Ba、Zr、Th 等含量(图 2-8,图 2-9),且岩浆温度更低(图 2-12),这些特点显示其是演化程度更高的岩浆。此外,稀土元素配分型式表现出典型的四分组效应,Y/Ho、Zr/Hf、Nb/Ta、K/Rb 元素比值明显偏离球粒陨石值(图 2-13),进一步支持石榴石白云母花岗岩是一种典型的高分异花岗岩。

值得指出的是,晚中新世的然巴淡色花岗岩还伴生有一定规模的钠长石花岗岩和伟晶岩,它们应是岩浆结晶分异晚期的产物。钠长石花岗岩常发育在岩体顶部,或者作为伟晶岩的边部带出现。它多为细晶岩,光学显微镜下观察显示,其造岩矿物以石英、钠长石为主,存在少量白云母、钾长石,发育似斑状结构。伟晶岩常在岩体顶部和边部发育,在岩体内部也可以见到以团块状或囊状体出现的伟晶岩,另外,在岩体周围的地层中也可以见到多条伟晶岩脉。这些伟晶岩的主要矿物组成为石英、钾长石、白云母,少量钠长石,有时可出现石榴子石、电气石等。在这些钠长石花岗岩和伟晶岩中常常出现大量的稀有金属矿物,如绿柱石、铌铁矿-钽铁矿、烧绿石-细晶石、锡石等(王汝成等,2017)。

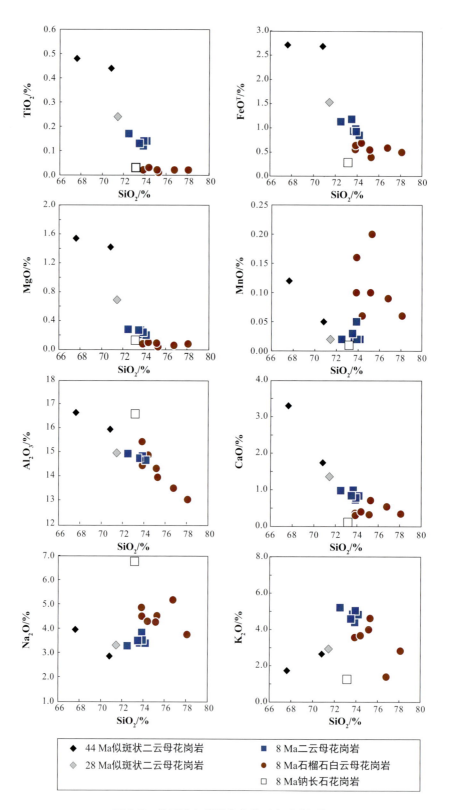

图 2-8　然巴淡色花岗岩主量元素哈克图解

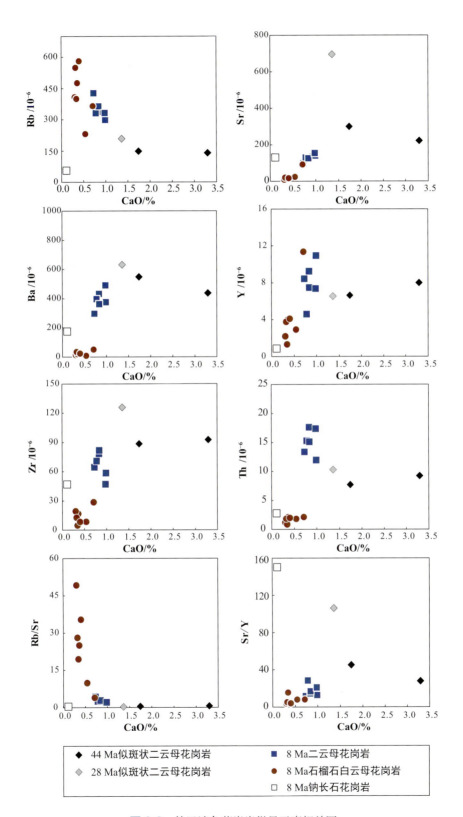

图 2-9 然巴淡色花岗岩微量元素相关图

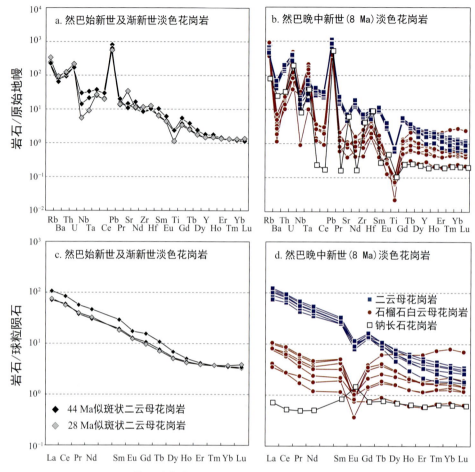

图 2-10 然巴淡色花岗岩微量元素蛛网图和稀土元素配分图

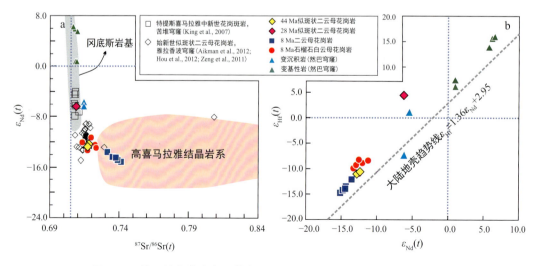

图 2-11 然巴淡色花岗岩及其变质围岩的 Sr-Nd-Hf 同位素组成相关图

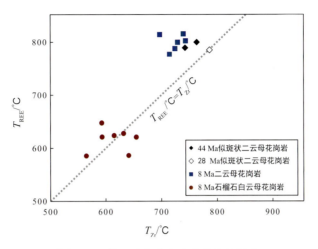

图 2-12 然巴淡色花岗岩岩浆结晶温度
T_{REE} 稀土饱和温度计估算结果，T_{Zr} 锆饱和温度计估算结果

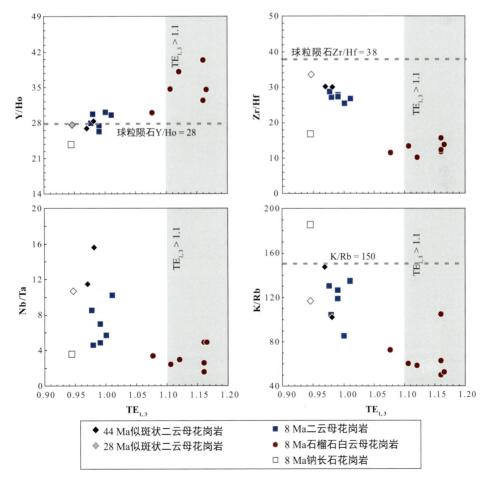

图 2-13 然巴淡色花岗岩高分异特征微量元素判别图
$TE_{1,3}$ 为四分组效应指数，$TE_{1,3} = (TE_1 \times TE_3)^{0.5}$，$TE_1 = [(Ce/Ce^*) \times (Pr/Pr^*)]^{0.5}$，$TE_3 = [(Tb/Tb^*) \times (Dy/Dy^*)]^{0.5}$

2.3 考察点

本次野外考察将经过冈底斯岩基的拉萨—大竹卡段（图 2-14）。由于该地区岩浆岩广泛出露于拉萨—日喀则主干公路沿线，交通便利，其研究开展的较早，研究程度也较高（目前公开发表的锆石 U-Pb 年龄数据已经超过 100 个）。冈底斯岩基最早的高精度锆石 U-Pb 定年工作便是中法合作期间对曲水附近花岗闪长岩（41~42 Ma）和大竹卡北部闪长岩（93~94 Ma）开展的（Schärer et al., 1984）。该区域侵入岩主要特征包括以下几个方面：① 中生代早期花岗岩发育明显变形构造，如尼木大桥附近早侏罗世花岗岩（考察点 3）；② 侵入岩形成时代以古新世—始新世为主，并存在约 50 Ma 岩浆活动峰期，岩浆活动峰期伴随着辉长质暗色微粒包体的广泛发育（考察点 1）；③ 在冈底斯岩基南部发育一条近东西向展布的辉长-闪长岩带，其年龄以早始新世为主（考察点 2）；④ 岩基的内部发育了较多中新世花岗斑岩（考察点 1）和超钾质岩脉体（考察点 4）。

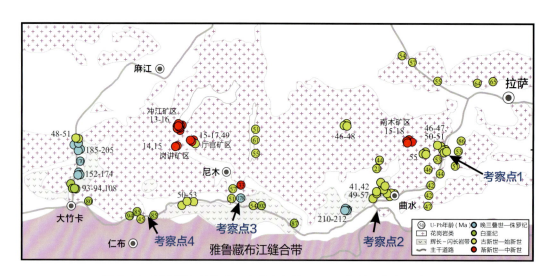

图 2-14 冈底斯岩基拉萨—大竹卡段锆石 U-Pb 年龄及考察点分布图

◉ 考察点 1（29°29′59.34″N, 90°56′18.60″E）：曲水县聂唐乡南侧；主要观察冈底斯岩基侵入岩及暗色微粒包体和中新世花岗斑岩

冈底斯岩基曲水地区以广泛发育暗色微粒闪长质包体为特征（图 2-15）。该观察点暗色微粒包体与寄主花岗闪长岩-二长花岗岩及其中的花岗岩脉形成时代一致（图 2-16），均形成于 50 Ma 左右（Mo et al., 2005; Ji et al., 2009）；该处的花岗闪长岩与二长花岗岩为渐变过渡关系（Ji et al., 2009）。50 Ma 左右也是冈底斯岩基岩浆活动最为剧烈的时期，一般认为该暗色微粒包体反映了同时期基性岩浆活动的贡献

和岩浆混合作用的存在（Mo et al., 2005; Ma et al., 2017b）。相邻地区拉萨河东侧才纳岩体（49~50 Ma）研究表明，寄主花岗岩和暗色微粒包体的结晶深度相近，都在 11~13 km（Ma et al., 2017b）。

图 2-15　聂唐乡南侧花岗岩和暗色微粒包体野外露头

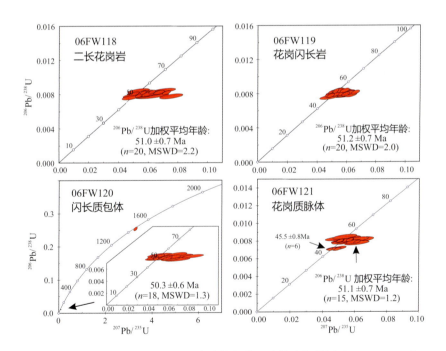

图 2-16　聂唐乡南侧花岗岩、暗色微粒包体及脉体定年结果（Ji et al., 2009）

此外，该点还可以观察到中新世花岗闪长斑岩（16.8±0.4 Ma；纪伟强未发表数据）呈脉状侵入穿切始新世花岗岩。该岩脉广泛发育钾长石斑晶，长度可达 5 cm 以上（图 2-17）。

冈底斯岩基中新世花岗斑岩伴生了一系列大型斑岩铜（金）矿床，如驱龙铜矿为我国目前最大铜矿（Hou et al., 2004, 2009）。在观察点西部区域就发育了南木铜矿（图2-14）。这些矿床的成矿峰期也与该观察点花岗斑岩形成时间相近。

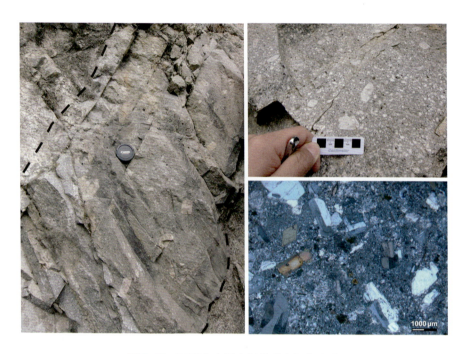

图2-17　聂唐乡南侧中新世花岗闪长斑岩

● 考察点2（29°19′17.40″N, 90°41′13.80″E）：曲水县曲水大桥南侧；主要观察冈底斯岩基中的辉长岩

冈底斯岩基南缘出露有一条辉长岩-闪长岩带，包括闪长岩、辉长岩和辉石岩等（Dong et al., 2005），其与北侧的花岗岩为渐变过渡关系。有学者认为该带为岩浆底侵作用的产物（Dong et al., 2005）。在曲水县—仁布县之间沿着318国道两侧，该类岩石广泛出露。Dong等(2005)曾对卡如乡318国道4768 km路碑处（29°21′40″N, 90°05′02″E）角闪辉长岩（NM0369）进行研究，测得该岩石锆石SHRIMP U-Pb定年结果为50.2±4.2 Ma。Ji等（2009）对卡如乡附近（29°21′04″N, 90°05′49″E）闪长岩（06FW174）得到一致的锆石LA-ICP-MS定年结果（50.2±1.5 Ma）。

该时期辉长岩较好的观测点为曲水县老雅江大桥南侧露头（图2-18）。在曲水大桥南侧，通往羊卓雍措的公路边，发现很好的角闪辉长岩露头，其中有后期细粒辉长岩和伟晶岩脉发育。主体角闪辉长岩锆石LA-ICPMS U-Pb定年结果为53.3±0.9 Ma，后期辉长岩和伟晶岩脉定年结果分别为51.0±1.2 Ma和52.5±0.5 Ma（图2-19；纪伟强未发表数据）。

图 2-18 曲水大桥南侧始新世角闪辉长岩

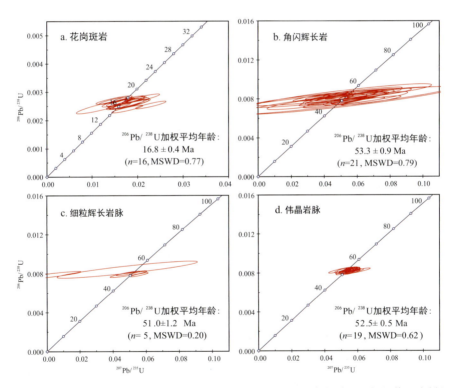

图 2-19 聂当花岗斑岩（a）和曲水大桥南侧侵入岩（b-d）定年结果（据纪伟强资料）

- **考察点 3（29°21′17.04″N，90°11′24.78″E）：尼木县尼木大桥东西两侧；主要观察冈底斯岩基中早侏罗世花岗岩**

该观察点位于尼木县南部 318 国道沿线，在尼木大桥两侧均发现发育明显片麻状构造的花岗岩（图 2-20）。张宏飞等（2007）对尼木大桥西北部花岗岩进行了锆石 LA-

ICPMS U-Pb 年龄测定，得到早侏罗世年龄（178±1 Ma），并发现其具有非常新生的 Hf 同位素组成（$\varepsilon_{Hf}(t)$ = +14.1~+17.7）。这也是冈底斯岩基最早报道的中生代早期年龄之一。

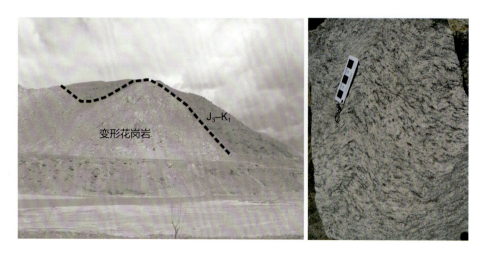

图 2-20　尼木大桥片麻状花岗岩野外露头（左；张宏飞等，2007）和手标本照片（右）

笔者对该观察点花岗岩也进行了锆石 LA-ICPMS U-Pb 年龄测定，去除发生明显铅丢失的几个测点（152~178 Ma）后得到了 193.4±1.6 Ma 的加权平均年龄（图 2-21）。因此，该地区片麻状花岗岩可能形成于多个时期。最近，Dong 等（2018）在该地区片

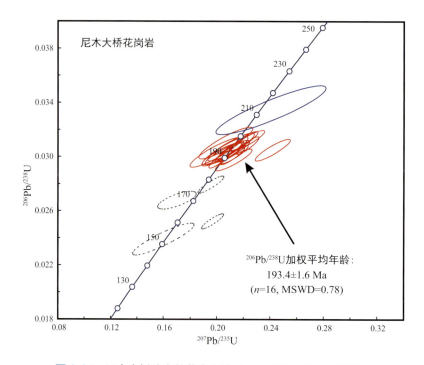

图 2-21　尼木大桥片麻状花岗岩锆石 LA-ICPMS U-Pb 谐和图

麻岩和片岩中得到了大量的同期年龄信息（194~197 Ma），认为这些变质岩的原岩为早侏罗世火山岩。

● 考察点 4（29°18′56.69″N, 89°52′12.59″E）：仁布县嘎布决嘎村西侧 G318 国道沿线；主要观察南北向展布的煌斑岩脉垂直侵位于拉萨地块南缘变火山岩中

该观察点位于仁布县—尼木县之间 G318 国道沿线嘎布决嘎村西侧，可以发现煌斑岩脉直立侵位于拉萨地块南缘变火山岩中，脉岩延伸方向为南北向（图 2-22）。从拉萨地块内部到日喀则弧前沉积和雅鲁藏布江缝合带，该类煌斑岩脉较为常见，并且岩脉野外产状都很相似，都是直立或近直立侵位和沿着南北向延伸。该类煌斑岩脉的主体形成时化为中新世，但是观察点岩脉尚未有同位素年龄资料发表。

图 2-22　煌斑岩野外地质和手标本照片

● 考察点 5（29°06′19.92″N, 90°11′21.00″E）：然巴穹窿中出露的中高级变质岩及侵入其中的约 8 Ma 石榴石白云母花岗岩脉

穹窿中部的中高级变质岩包括含钛铁矿十字石片岩，石榴十字二云母片岩，石榴石二云母片岩，角闪石英片岩等（图 2-23a, b）。岩石的主要矿物组合为石英＋长石＋黑云母＋白云母，特征变质矿物包括石榴子石、十字石、红柱石、电气石、钛铁矿等。残余层理及变余矿物组合表明它们应由砂岩、粉砂岩及泥岩变质而成（图 2-23c）。根据碎屑锆石年龄谱和同位素地球化学特征，该变沉积岩的原岩属三叠系郎杰学组地层。该构造层的中下部岩石强烈变形而呈现典型糜棱化特征。在该变质岩层中常夹有斜长角闪片麻岩与斜长角闪岩的脉体或透镜体，极高的暗色矿物含量表明它们可能为早期的基性岩侵入体。测试发现，这些变基性岩的原岩主要形成于 134~141 Ma 和约 92 Ma 两个阶段。

石榴石白云母花岗岩以脉体形式切穿围岩（图 2-23d），并常出现不规则棱角状的围岩捕虏体。花岗岩呈浅灰白色，多为细粒花岗结构，部分脉体为伟晶结构，岩石均无变形。主要矿物组成为石英（30%~35%）、斜长石（30%~35%）、钾长石（25%~30%）、白云母（5%~10%）、石榴子石（<5%）、黑云母（<1%），偶见电气石。石榴子石呈淡红色粒状，自形程度较好，粒径 0.1~0.5 mm。含有锆石、独居石、磷灰石等副矿物。

图 2-23　然巴穹窿内中级变质岩及侵入其中的石榴石白云母花岗岩脉
a. 石榴石二云母片岩；b. 十字石片岩；c. 保留有沉积层理的变质岩；d. 未发生变形的石榴石白云母花岗岩脉切穿围岩层理

● 考察点 6（29°08′0.30″N, 90°09′48.36″E）：中始新世（约 44 Ma）似斑状二云母花岗片麻岩

在这些中级变质岩中发现有中始新世（约 44 Ma）的似斑状二云母花岗岩以脉体形式侵入，且与围岩地层发生了一致的褶皱变形（图 2-24）。由于强烈变形而呈现片麻状构造，构造面理与周边围岩变形面理一致。该花岗岩为似斑状结构，斑晶主要为斜长石和石英、云母及少量的钾长石，基质为石英、长石、云母等。矿物呈定向排列，云母构成明显线理。发育的副矿物主要有钛铁矿、锆石、磷灰石等，偶见萤石。

图 2-24 侵入然巴穹窿中级变质围岩中发生强烈变形的始新世花岗片麻岩脉

● 考察点 7 (29°06′36.06″N, 90°05′12.66″E): 晚中新世（约 8 Ma）二云母花岗岩（然巴岩体边部）

穹窿核部的主体淡色花岗岩为二云母花岗岩，块状构造，无变形特征，在岩体的顶部和边部保留有大块围岩捕虏体（图 2-25a），该岩石的主要矿物组合为石英（25%~30%）、斜长石（30%~35%）、钾长石（30%~35%）、白云母（~5%）、黑云母（~5%），副矿物主要有锆石、磷灰石、独居石，偶见磷钇矿、萤石。岩体边缘发育有伟晶岩，与主体二云母花岗岩之间为过渡关系。在该点的伟晶岩露头中可观察到绿柱石晶体（图 2-25b）。

图 2-25 然巴穹窿淡色花岗岩主体边部可见大规模围的岩捕虏体（a）及伟晶岩中的绿柱石（b）

● 考察点 8 (29°06′21.66″N, 90°04′34.50″E): 晚中新世二云母花岗岩（岩体中心）

然巴岩体中心的二云母花岗岩岩性均匀（图 2-26），偶见富黑云母条带。

图 2-26　然巴穹窿核部的二云母花岗岩岩体

● 考察点 9 (29°06.418′N, 90°03.703′E): 淡色花岗岩脉（钠长石花岗岩 + 伟晶岩）及然巴穹窿外部的低级变质岩

然巴穹窿最外部的低级变质岩，属郎杰学群姐德秀组地层。岩性为低级变质的板岩、千枚岩，原岩主要为泥岩、砂岩等，为晚三叠世海相碎屑沉积岩。围绕穹窿附近的岩层，面理产状基本沿穹窿形态向外倾伏。在穹窿西侧的低级变质岩中有两条近平行的花岗岩脉侵入（图 2-27），岩脉宽约 1~1.5 m，无变形。该岩脉具有明显的分带性特征，边部为细晶岩相的钠长花岗岩，显微镜下可见其具有似斑状结构，斑晶以钠长石为主，含少量钾长石。其中钠长石斑晶自形良好，发育卡纳复合双晶，直径 0.2~0.8 mm；他形钾长石斑晶少见，直径约 0.2~0.5 mm；基质为两种长石和石英，并发育次生白云母。岩脉中心为伟晶岩相，主要矿物为钾长石和石英，局部发育晶洞。

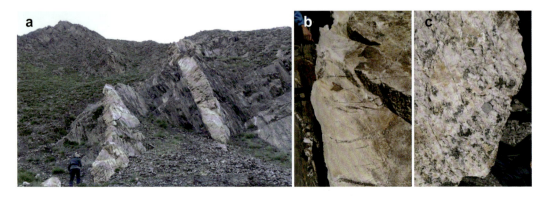

图 2-27　侵位于然巴穹窿外部低级变沉积岩中的两条淡色花岗岩脉（a）、岩脉边部细晶相的钠长石花岗岩（b）和岩脉中心的局部发育有晶洞的伟晶花岗岩（c）

参 考 文 献

陈贝贝, 丁林, 许强, 等, 2016. 西藏林周盆地林子宗群火山岩的精细年代格架. 第四纪研究, 36(5): 1037-1054.

陈希节, 许志琴, 孟元库, 等, 2014. 冈底斯带中段中新世埃达克质岩浆作用的年代学、地球化学及 Sr-Nd-Hf 同位素制约. 岩石学报, 30(8): 2253-2268.

丁林, 岳雅慧, 蔡福龙, 等, 2006. 西藏拉萨地块高镁超钾质火山岩及对南北向裂谷形成时间和切割深度的制约. 地质学报, 80(9): 1252-1261.

董国臣, 莫宣学, 赵志丹, 等, 2008. 西藏冈底斯南带辉长岩及其所反映的壳幔作用信息. 岩石学报, 24(2): 203-210.

董昕, 张泽明, 耿官升, 等, 2010. 青藏高原拉萨地体南部的泥盆纪花岗岩. 岩石学报, 26(7): 2226-2232.

董彦辉, 许继峰, 曾庆高, 等, 2006. 存在比桑日群弧火山岩更早的新特提斯洋俯冲记录么？岩石学报, 22(3): 661-668.

高利娥, 曾令森, 刘静, 等, 2009. 藏南也拉香波早渐新世富钠过铝质淡色花岗岩的成因机制及其构造动力学意义. 岩石学报, 25: 2289-2302.

耿全如, 潘桂堂, 王立全, 等, 2006. 西藏冈底斯带叶巴组火山岩同位素地质年代. 沉积与特提斯地质, 26(3): 1-7.

郭磊, 张进江, 张波, 2008. 北喜马拉雅然巴穹窿的构造、运动学特征、年代学及演化. 自然科学进展, 18: 640-650.

黄丰, 许继峰, 陈建林, 等, 2015. 早侏罗世叶巴组与桑日群火山岩：特提斯洋俯冲过程中的陆缘弧与洋内弧？岩石学报, 31(7): 2089-2100.

纪伟强, 吴福元, 钟孙霖, 等, 2009. 西藏南部冈底斯岩基花岗岩类时代与岩石成因. 中国科学 D 辑: 地球科学, 39(7): 849-871.

康志强, 付文春, 田光昊, 2015. 西藏桑日县地区中生代火山岩地层层序——基于锆石 U-Pb 年龄及地球化学数据. 地质通报, 34(2-3): 318-327.

李光明, 张林奎, 焦彦杰, 等, 2017. 西藏喜马拉雅成矿带错那洞超大型铍锡钨多金属矿床的发现及意义. 矿床地质, 36: 1003-1008.

廖忠礼, 莫宣学, 潘桂棠, 等, 2006. 西藏曲珍过铝花岗岩的地球化学特征及动力学意义. 岩石学报, 22: 845-854.

莫宣学, 董国臣, 赵志丹, 等, 2005. 西藏冈底斯带花岗岩的时空分布特征及地壳生长演化信息. 高校地质学报, 11(3): 281-290.

莫宣学, 赵志丹, 邓晋福, 等, 2003. 印度-亚洲大陆主碰撞过程的火山作用响应. 地学前缘, 10(3): 135-148.

戚学祥, 曾令森, 孟祥金, 等, 2008. 特提斯喜马拉雅打拉花岗岩的锆石 SHRIMP U-Pb 定年及其地质意义. 岩石学报, 24: 1501-1508.

王汝成, 吴福元, 谢磊, 等, 2017. 藏南喜马拉雅淡色花岗岩稀有金属成矿作用初步研究. 中国科学: 地球科学, 47: 871-880.

吴福元, 刘志超, 刘小驰, 等, 2015. 喜马拉雅淡色花岗岩. 岩石学报, 31: 1-36.

吴建阳, 李光明, 周清, 等, 2015. 藏南扎西康整装勘查区成矿体系初探. 中国地质, 42: 1647-1683.

吴兴源, 王青, 朱弟成, 等, 2013. 拉萨地体南缘早石炭世花岗岩类的起源及其对松多特提斯洋开启的意义. 岩石学报, 29(11): 3716-3730.

闫学义, 黄树峰, 杜安道, 2010. 冈底斯泽当大型钨铜钼矿 Re-Os 年龄及陆缘走滑转换成矿作用. 地质学报, 84(3): 398-406.

曾令森, 高利娥, 2017. 喜马拉雅碰撞造山带新生代地壳深熔作用与淡色花岗岩. 岩石学报, 33: 1420-1444.

张宏飞, Harris N, Parrish R, 等, 2004. 北喜马拉雅萨迦穹窿中苦堆和萨迦淡色花岗岩的 U-Pb 年龄及其地质意义. 科学通报, 49: 2090-2094.

张宏飞, 徐旺春, 郭建秋, 等, 2007. 冈底斯南缘变形花岗岩锆石 U-Pb 年龄和 Hf 同位素组成: 新特提斯洋早侏罗世俯冲作用的证据. 岩石学报, 23(6): 1347-1353.

张志, 张林奎, 李光明, 等, 2017. 北喜马拉雅错那洞穹窿: 片麻岩穹窿新成员与穹窿控矿新命题. 地球学报, 38: 754-766.

赵珍, 胡道功, 吴珍汉, 等, 2012. 西藏冈底斯东段南缘桑不加拉辉钼矿 Re-Os 定年及地质意义. 地质力学学报, 18(2): 178-186.

An W, Hu X M, Garzanti E, et al., 2014. Xigaze forearc basin revisited (South Tibet): Provenance changes and origin of the Xigaze Ophiolite. Geological Society of America Bulletin, 126: 1595-1613.

Chan G H N, Waters D J, Searle M P, et al., 2009. Probing the basement of southern Tibet: Evidence from crustal xenoliths entrained in a Miocene ultrapotassic dyke. Journal of the Geological Society, 166: 45-52.

Chen J L, Xu J F, Zhao W X, et al., 2011. Geochemical variations in Miocene adakitic rocks from the western and eastern Lhasa Terrane: Implications for lower crustal flow beneath the southern Tibetan Plateau. Lithos, 125: 928-939.

Chu M F, Chung S L, O'Reilly S Y, et al., 2011. India's hidden inputs to Tibetan orogeny revealed by Hf isotopes of Transhimalayan zircons and host rocks. Earth and Planetary Science Letters, 307: 479-486.

Chu M F, Chung S L, Song B, et al., 2006. Zircon U-Pb and Hf isotope constraints on the Mesozoic tectonics and crustal evolution of southern Tibet. Geology, 34: 745-748.

Chung S L, Liu D Y, Ji J Q, et al., 2003. Adakites from continental collision zones: Melting of thickened lower crust beneath southern Tibet. Geology, 31: 1021-1024.

Chung S L, Chu M F, Ji J Q, et al., 2009. The nature and timing of crustal thickening in southern Tibet: Geochemical and zircon Hf isotopic constraints from postcollisional adakites. Tectonophysics, 477: 36-48.

Chung S L, Chu M F, Zhang Y Q, et al., 2005. Tibetan tectonic evolution inferred from spatial and temporal variations in post-collisional magmatism. Earth-Science Review, 68: 173-196.

Coulon C, Maluski H, Bollinger C, et al., 1986. Mesozoic and Cenozoic volcanic rocks from central and southern Tibet: $^{40}Ar/^{39}Ar$ dating, petrological characteristics and geodynamic implications. Earth and Planetary Science Letters, 79: 281-302.

Ding L, Kapp P, Wan X Q, 2005. Paleocene–Eocene record of ophiolite obduction and initial India-Asia collision, south central Tibet. Tectonics, 24: 1-18.

Ding L, Kapp P, Zhong D, et al., 2003. Cenozoic volcanism in Tibet: Evidence from a transition from oceanic to continental subduction. Journal of Petrology, 44: 1833-1865.

Dong G C, Mo X X, Zhao Z D, et al., 2005. Geochronologic constraints on the magmatic underplating of the Gangdese belt in the India-Eurasia collision: Evidence of SHRIMP II zircon U-Pb dating. Acta Geologica Sinica, 79: 787-794.

Dong X, Zhang Z, Klemd R, et al., 2018. Late Cretaceous tectonothermal evolution of the southern Lhasa Terrane, South Tibet: Consequence of a Mesozoic Andean-type orogeny. Tectonophysics, 730: 100-113.

Dong X, Zhang Z, Liu F, et al., 2014. Late Paleozoic intrusive rocks from the southeastern Lhasa Terrane, Tibetan Plateau, and their Late Mesozoic metamorphism and tectonic implications. Lithos, 198-199: 249-262.

Edwards M A, Harrison T M, 1997. When did the roof collapse? Late Miocene north-south extension in the high Himalaya revealed by Th-Pb monazite dating of the Khula Kangri granite. Geology, 25: 543-546.

England P, Houseman G, 1986. Finite strain calculations of continental deformation 2. Comparison with the India-Asia collision zone. Journal of Geophysical Research-Solid Earth, 91: 3664-3676.

Gao L E, Zeng L S, Gao J H, et al., 2016. Oligocene crustal anatexis in the Tethyan Himalaya, southern Tibet. Lithos, 264: 201-209.

Gao L E, Zeng L, Asimow P D, 2017. Contrasting geochemical signatures of fluid-absent versus fluid-fluxed melting of muscovite in metasedimentary sources: The Himalayan leucogranites. Geology, 45: 39-42.

Gao Y F, Wei R H, Ma P X, et al., 2009. Post-collisional ultrapotassic volcanism in the Tangra Yumco–Xuruco graben, south Tibet: constraints from geochemistry and Sr-Nd-Pb isotope. Lithos, 110: 129-139.

Guo Z F, Wlison M, 2012. The Himalayan leucogranites: Constraints on the nature of their crustal source region and geodynamic setting. Gondwana Research, 22: 360-376.

Guo Z F, Wilson M, Zhang M, et al., 2013. Post-collisional, K-rich mafic magmatism in south Tibet: Constraints on Indian slab-to-wedge transport processes and plateau uplift. Contributions to Mineralogy and Petrology, 165: 1311-1340.

Guo Z F, Wilson M, Zhang M, et al., 2015. Post-collisional ultrapotassic mafic magmatism in South Tibet: Products of partial melting of Pyroxenite in the mantle wedge induced by roll-back and delamination of the subducted Indian continental lithosphere slab. Journal of Petrology, 56: 1365-1406.

Harris N B W, Inger S, 1992. Trace element modelling of pelite-derived granites. Contributions to Mineralogy and Petrology, 110: 46-56.

Hou Z Q, Gao Y F, Qu X M, et al., 2004. Origin of adakitic intrusives generated during mid-Miocene east-west extension in southern Tibet. Earth and Planet Science Letters, 220: 139-155.

Hou Z Q, Duan L F, Lu Y J, et al., 2015. Lithospheric Architecture of the Lhasa Terrane and its control on ore deposits in the Himalayan-Tibetan Orogen. Economic Geology, 110: 1541-1575.

Hou Z Q, Yang Z, Qu X, et al., 2009. The Miocene Gangdese porphyry copper belt generated during post-collisional extension in the Tibetan Orogen. Ore Geology Reviews, 36: 25-51.

Hou Z Q, Zheng Y C, Zeng L S, et al., 2012. Eocene–Oligocene granitoids in southern Tibet: Constraints on crustal anatexis and tectonic evolution of the Himalayan orogen. Earth and Planetary Science Letters, 349-350: 38-52.

Houseman G A, McKenzie D P, Molnar P, et al., 1981. Convective instability of a thickened boundary layer and its relevance for the thermal evolution of continental convergent bents. Journal of Geophysical Research, 86: 6115-6132.

Inger S, Harris N, 1993. Geochemical constraints on leucogranite magmatism in the Langtang Valley, Nepal Himalaya. Journal of Petrology, 34: 345-368.

Ji W Q, Wu F Y, Chung S L, et al., 2009. Zircon U-Pb chronology and Hf isotopic constraints on the petrogenesis of Gangdese batholiths, southern Tibet. Chemical Geology, 262: 229-245.

Ji W Q, Wu F Y, Chung S L, et al., 2012a. Identification of Early Carboniferous granitoids from southern Tibet and implication for terrane assembly related to the Paleo-Tethyan evolution. The Journal of Geology, 120: 531-541.

Ji W Q, Wu F Y, Chung S L, et al., 2014. The Gangdese magmatic constraints on a latest Cretaceous lithospheric delamination of the Lhasa Terrane, southern Tibet. Lithos, 210-211: 168-180.

Ji W Q, Wu F Y, Liu C Z, et al., 2012b. Early Eocene crustal thickening in southern Tibet: new age and geochemical constraints from the Gangdese batholith. Journal of Asian Earth Sciences, 53: 82-95.

Jiang Z Q, Wang Q, Li Z X, et al., 2012. Late Cretaceous (ca. 90 Ma) adakitic intrusive rocks in the Kelu area, Gangdese belt (southern Tibet): Slab melting and implications for Cu-Au mineralization. Journal of Asian Earth Sciences, 53: 67-81.

Jiang Z Q, Wang Q, Wyman D A, et al., 2014. Transition from oceanic to continental lithosphere subduction in southern Tibet: Evidence from the Late Cretaceous—Early Oligocene (~91−30 Ma) intrusive rocks in the Chanang-Zedong area, southern Gangdese. Lithos, 196: 213-231.

Kang Z Q, Xu J F, Wilde S A, et al., 2014. Geochronology and geochemistry of the Sangri Group Volcanic Rocks, Southern Lhasa Terrane: Implications for the early subduction history of the Neo-Tethys and Gangdese Magmatic Arc. Lithos, 200: 157-168.

Lang X H, Tang J X, Li Z J, et al., 2014. U-Pb and Re-Os geochronological evidence for the Jurassic porphyry metallogenic event of the Xiongcun district in the Gangdese porphyry copper belt, southern Tibet, PRC. Journal of Asian Earth Sciences, 79: 608-622.

Le Fort P, 1981. Manaslu Leucogranite—a collision signature of the Himalaya a model for its genesis and emplacement. Journal of Geophysical Research, 11: 545-568.

Lee H Y, Chung S L, Lo C H, et al., 2009. Eocene Neotethyan slab breakoff in southern Tibet inferred from the Linzizong volcanic record. Tectonophysics, 477: 20-35.

Li Y L, Li X H, Wang C S, et al., 2017. Miocene adakitic intrusions in the Zhongba Terrane: Implications for the origin and geochemical variations of post-collisional adakitic rocks in southern Tibet. Gondwana Research, 41: 65-76.

Liu D, Zhao Z, Zhu D C, et al., 2014b. Postcollisional potassic and ultrapotassic rocks in southern Tibet: Mantle and crustal origins in response to India-Asia collision and convergence. Geochimica et Cosmochimica Acta, 143: 207-231.

Liu D, Zhao Z D, DePaolo D J, et al., 2017. Potassic volcanic rocks and adakitic intrusions in southern Tibet: Insights into mantle-crust interaction and mass transfer from Indian plate. Lithos, 268: 48-64.

Liu Z C, Wu F Y, Ji W Q, et al., 2014a. Petrogenesis of the Ramba leucogranite in the Tethyan Himalaya and constraints on the channel flow model. Lithos, 208: 118-136.

Liu Z C, Wu F Y, Ding L, et al., 2016. Highly fractionated Late Eocene (~35 Ma) leucogranite in the Xiaru Dome, Tethyan Himalaya, South Tibet. Lithos, 240-243: 337-354.

Ma L, Wang Q, Wyman D A, et al., 2015. Late Cretaceous back-arc extension and arc system evolution in the Gangdese area, southern Tibet: Geochronological, petrological, and Sr-Nd-Hf-O isotopic evidence from Dagze diabases. Journal of Geophysical Research: Solid Earth, 120: 6159-6181.

Ma X, Xu Z Q, Chen X J, et al., 2017a. The origin and tectonic significance of the volcanic rocks of the Yeba Formation in the Gangdese magmatic belt, South Tibet. Journal of Earth Science, 28: 265-282.

Ma X, Merrt J G, Xu Z, et al., 2017b. Evidence of magma mixing identified in the Early Eocene Caina pluton from the Gangdese Batholith, southern Tibet. Lithos, 278-281: 126-139.

Mahéo G, Guillot S, Blichert-Toft J, et al., 2002. A slab breakoff model for the Neogene thermal evolution of South Karakorum and South Tibet. Earth and Planetary Science Letters, 195: 45-58.

Miller C, Schuster R, Klötzli U, et al., 1999. Post-collisional potassic and ultrapotassic magmatism in SW Tibet: geochemical and Sr-Nd-Pb-O isotopic constraints for mantle source characteristics and petrogenesis. Journal of Petrology, 40: 1399-1424.

Mo X X, Dong G C, Zhao Z D, et al., 2005. Timing of magma mixing in Gangdise magmatic belt during the India-Asia collision: zircon SHIRMP U-Pb dating. Acta Geologica Sinica, 79: 66-76.

Molnar P, England P, Martinod J, 1993. Mantle Dynamics, Uplift of the Tibetan Plateau, and the Indian Monsoon. Reviews of Geophysics, 31: 357-396.

Pan G, Wang L, Li R, et al., 2012. Tectonic evolution of the Qinghai-Tibet Plateau. Journal of Asian Earth Sciences, 53: 3-14.

Patiño-Douce A E, Harris N, 1998. Experimental constraints on Himalayan anatexis. Journal of Petrology, 39: 689-710.

Schärer U, Xu R H, Allègre C J, 1984. U-Pb geochronology of Gandese (Transhimalaya) plutonism in the Lhasa-Xigaze region, Tibet. Earth and Planetary Science Letters, 69: 311-320.

Schärer U, Xu R H, Allègre C J, 1986. U-(Th)-Pb systematics and ages of Himalayan leucogranites, South Tibet. Earth and Planetary Science Letters, 77: 35-48.

Turner S, Arnaud N, Liu J, et al., 1996. Post-collisional, shoshonitic volcanism on the Tibetan Plateau: Implications for convective thinning of the lithosphere and the source of ocean island basalts. Journal of Petrology, 37: 45-71.

Wang C, Ding L, Zhang L Y., et al., 2016. Petrogenesis of Middle-Late Triassic volcanic rocks from the Gangdese belt, southern Lhasa Terrane: implications for early subduction of Neo-Tethyan oceanic lithosphere. Lithos, 262: 320-333.

Wei Y Q, Zhao Z D, Niu Y L, et al., 2017. Geochronology and geochemistry of the Early Jurassic Yeba Formation volcanic rocks in southern Tibet: Initiation of back-arc rifting and crustal accretion in the southern Lhasa Terrane. Lithos, 278: 477-490.

Wen D R, Liu D Y, Chung S L, et al., 2008. Zircon SHRIMP U-Pb ages of the Gangdese batholith and implications for Neotethyan subduction in southern Tibet. Chemical Geology, 252: 191-201.

Williams H, Turner S, Kelley S, et al., 2001. Age and composition of dikes in southern Tibet: New constraints on timing of east-west extension and its relationship to post-collisional volcanism. Geology, 29: 339-342.

Wu F Y, Ji W Q, Liu C Z, et al., 2010. Detrital zircon U-Pb and Hf isotopic data from the Xigaze fore-arc basin: Constraints on Transhimalayan magmatic evolution in southern Tibet. Chemical Geology, 271: 13-25.

Wu F Y, Liu X C, Liu Z C, et al., 2020. Highly fractionated Himalayan leucogranites and associated rare-metal mineralization. Lithos, 352-353: 105319.

Xu W C, Zhang H F, Guo L, et al., 2010. Miocene high Sr/Y magmatism, South Tibet: Product of partial melting of subducted Indian continental crust and its tectonic implication. Lithos, 114: 293-306.

Zeng L S, Gao L E, Xie K J, et al., 2011. Mid-Eocene high Sr/Y granites in the northern Himalayan gneiss domes: Melting thickened lower continental crust. Earth and Planetary Science Letters, 303: 251-266.

Zeng L S, Gao L E, Tang S H, et al., 2015. Eocene magmatism in the Tethyan Himalaya, southern Tibet. In: Jenkin G R T, Lusty P A J (eds.). Ore Deposits in an Evolving Earth. Geological Society, London, Special Publications, 412: 287-316.

Zeng L S, Liu J, Gao L E, et al., 2009. Early Oligocene anatexis in the Yardoi gneiss dome, southern Tibet and geological implications. Chinese Science Bulletin, 54: 104-112.

Zheng Y, Sun X, Gao S, et al., 2014. Multiple mineralization events at the Jiru porphyry copper deposit, southern Tibet: Implications for Eocene and Miocene magma sources and resource potential. Journal of Asian Earth Sciences, 79: 842-857.

Zheng Y C, Hou Z Q, Fu Q, et al., 2016. Mantle inputs to Himalayan anatexis: Insights from petrogenesis of the Miocene Langkazi leucogranite and its dioritic enclaves. Lithos, 264: 125-140.

Zhang Z M, Zhao G C, Santosh M, et al., 2010. Late Cretaceous charnockite with adakitic affinities from the Gangdese batholith, southeastern Tibet: Evidence for Neo-Tethyan mid-ocean ridge subduction? Gondwana Research, 17: 615-631.

Zhao Z D, Mo X X, Dilek Y, et al., 2009. Geochemical and Sr-Nd-Pb-O isotopic compositions of the post-collisional ultrapotassic magmatism in SW Tibet: Petrogenesis and implications for India intra-continental subduction beneath southern Tibet, Lithos, 113: 190-212.

Zhu D C, Pan G T, Chung S L, et al., 2008. SHRIMP zircon age and geochemical constraints on the origin of Early Jurassic volcanic rocks from the Yeba Formation, southern Gangdese in south Tibet. International Geology Review, 50: 442-471.

Zhu D C, Pan G T, Zhao Z D, et al., 2009. Early cretaceous subduction-related adakite-like rocks of the Gangdese Belt, southern Tibet: Products of slab melting and subsequent melt-peridotite in teraction? Journal of Asian Earth Sciences, 34: 298-309.

Zhu D C, Wang Q, Zhao Z D, et al., 2015. Magmatic record of India-Asia collision. Scientific Reports, 5: 14289.

Zhu D C, Zhao Z D, Niu Y L, et al., 2011. The Lhasa Terrane: Record of a microcontinent and its histories of drift and growth. Earth and Planetary Science Letters, 301: 241-255.

Zhu D C, Zhao Z D, Niu Y L, et al., 2013. The origin and pre-Cenozoic evolution of the Tibetan Plateau. Gondwana Research, 23: 1429-1454.

印度－亚洲大陆碰撞带野外地质考察指南

第3章　日喀则—定日县
（日喀则弧前盆地与修康混杂岩）

安　慰　王建刚

3.1 日喀则弧前盆地

新特提斯洋俯冲过程中亚洲大陆南缘发育一套弧前盆地地层，记录了俯冲过程和岩浆弧活动的信息。该弧前盆地可分为西部的 Indus 盆地和东部的日喀则盆地，分别位于西喜马拉雅的印度拉达克和中－东喜马拉雅的日喀则地区。日喀则弧前盆地主要分布于日喀则—仲巴一带，地层保存完整，露头极好，交通方便，为研究新特提斯洋俯冲体系的沟－弧－盆演化提供了绝好的机会。盆地南侧为雅鲁藏布蛇绿岩套，北侧为冈底斯岩浆弧（图 3-1）。日喀则弧前盆地地层如图 3-2 所示，从下向上可划分如下。

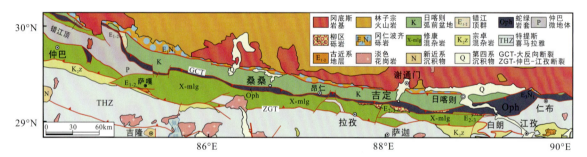

图 3-1　日喀则弧前盆地及邻近地体地质图（据 1∶150 万青藏高原及邻区地质图修改）

（1）冲堆组：命名剖面位于日喀则市东南 20 km 处的冲堆村，由下段的放射虫硅质岩与硅质页岩的互层和上段的砂岩与泥岩互层组成（吴浩若，1984；尹集祥等，1988a），沉积于深海盆地相至陆隆处的浊流远端。下段为紫红色－灰绿色硅质岩夹硅质页岩（图 3-3a），厚 73~197 m。上段为灰黑色薄层砂岩与灰黑色页岩不等厚互层（图 3-3b），厚约 200 m，砂岩发育大量槽模构造及平行层理。下部硅质岩中的放射虫组合的时代为 Late Barremian—Late Aptian (127~115 Ma)（Ziabrev et al., 2003）；地层中火山灰的年龄为 119~110 Ma（Dai et al., 2015; Huang et al., 2015; Wang et al., 2017）。该组与下伏雅江蛇绿岩枕状玄武岩的接触关系在群让、纳虾、洞拉剖面上为整合接触（Girardeau et al., 1984; Ziabrev et al., 2003; An et al., 2014; Wang et al., 2017）。

（2）桑祖岗组：命名剖面位于萨迦县桑祖岗村，以构造断片产出，其南北两侧分

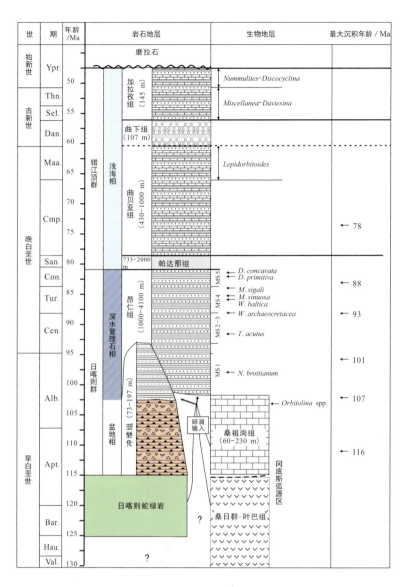

图 3-2 日喀则弧前盆地地层划分（Wang et al., 2012）

别与昂仁组和恰布林组断层接触，其时代为 Aptian–Albian 早期（刘成杰等，1988; An et al., 2014）。该组为灰黑色厚层生物碎屑灰岩，含大量底栖有孔虫和固着蛤，沉积环境为浅水碳酸盐台地相。该组侧向上厚度不一（60~230 m）（吴浩若等，1977），日喀则市东 10 km 处厚度减小至数米，至大竹卡地区消失。

（3）昂仁组：由吴浩若等（1977）用于描述昂仁县白垩纪深海复理石，之后被重新定义为桑祖岗组之上的白垩纪深海复理石（尹集祥等，1988b）。昂仁组由砂岩和页岩组成（图 3-3c, d），底部发育大的水道砾岩。该组发育大量槽模构造，为深水海底扇相的浊流沉积，厚 1000~4100 m，为弧前盆地的主体。该组与下部的冲堆组和上部的帕达那组整合接触，与南部的日喀则蛇绿岩带和北部的桑祖岗组或恰不林组断层接触

(Wang et al., 2012)。整体表现为复式向斜，由轴部向南北两翼变老。有孔虫年龄表明轴部地层时代为 Coniacian 晚期，北翼和南翼最老地层时代分别为 Aptian–Albian 和 Cenomanian–Turonian(Wan et al., 1998)。结合碎屑锆石指示的最大沉积年龄 107~88 Ma(Wu et al., 2010)，昂仁组地层时代大体为 Albian 晚期—Coniacian 期。

（4）帕达那组：命名于昂仁县桑桑南部的帕达那沟(刘成杰等，1988)，可分为三段。下段为灰黑色页岩夹薄层砂岩，含少量的灰岩透镜体或介壳层（图 3-3e）；中段为灰绿–灰红色砂岩夹灰绿–紫红色泥岩，含薄层或透镜体状砾岩、灰岩（图 3-3f）；上段为紫红色泥岩夹灰绿–紫红色薄层砂岩。该组沉积于陆棚–三角洲环境（An et al., 2014），厚 733~2000 m（西藏地质矿产调查局，1997），出露于昂仁县桑桑、萨嘎县比日及仲巴县错江顶地区。帕达那组与下伏昂仁组整合接触，帕达那沟剖面上与日喀则蛇绿岩带断层接触。根据上下地层的时代将帕达那组地层时代限定为 Santonian–Campanian 早期，与最年轻的碎屑锆石指示的地层年龄（不早于 84 Ma）一致。

（5）曲贝亚组：命名于仲巴县错江顶东南侧的曲贝亚俄约山(刘成杰等，1988)，由钙质细砂岩、介壳灰岩、钙质泥岩和粉砂质有孔虫灰岩组成，厚约 1000 m，分布于错

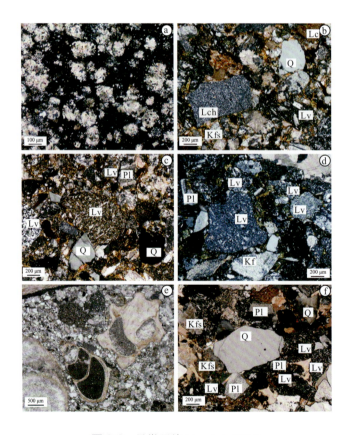

图 3-3 显微照片 (An et al., 2014)
a. 含碳酸盐化放射虫的冲堆组硅质岩；b. 冲堆组火山岩屑砂岩；c~d. 昂仁组火山岩屑砂岩；e. 帕达那组含腹足化石的石英杂砂岩；f. 帕达那组岩屑砂岩
Q. 石英；Kfs. 钾长石；Pl. 斜长石；Lch. 硅质岩岩屑；Lc. 碳酸盐岩碎屑；Lv. 火山岩岩屑

江顶至如角藏布地区。该组沉积于混合潮坪环境，与下伏帕达那组整合接触，与上覆曲下组可能为不整合接触（Ding et al., 2005）。灰岩中底栖有孔虫组合指示其沉积时代为 Maastrichtian 晚期，碎屑锆石最年轻的年龄指示其沉积晚于 ~78 Ma（Orme et al., 2015）。

（6）曲下组：命名于仲巴县错江顶东南侧的曲贝亚俄约山（刘成杰等，1988），由砾岩、砂岩和杂色泥岩组成。该组发育有板状交错层理、槽状交错层理、正粒序及叠瓦状构造，沉积于扇三角洲沉积环境，厚约 105 m，仅出露于错江顶地区。最年轻的碎屑锆石年龄指示其沉积时代晚于 ~66 Ma（Hu et al., 2016）。

（7）加拉孜组：由灰黄色长石岩屑砂岩、砂质生物屑灰岩夹钙质泥岩组成，约 240 m，仅出露于错江顶地区。该组砂岩中发育正粒序、倾斜纹层等，指示形成于扇三角洲前缘沉积环境。灰岩中底栖大有孔虫组合指示其沉积时代为始新世早期 Ypresian（SBZ 5 zone, 56~54 Ma, Hu et al., 2016），下段凝灰岩的锆石年龄指示其沉积年龄为 ~55 Ma。

从冲堆组到帕达那组，弧前盆地沉积环境演化为深海盆地—陆坡—陆棚—三角洲相，代表了古水深不断变浅、弧前盆地不断接受充填的过程。砂岩碎屑统计、碎屑锆石年龄分布等物源区分析工作表明日喀则—桑桑地区弧前盆地的主要物源区可分为三个阶段：冲堆组浊积岩及昂仁组下段沉积时（104~99 Ma），物源区为冈底斯岩浆白垩纪火成岩及其基底、桑祖冈组；昂仁组中段沉积时（99~88 Ma），物源区为冈底斯岩浆弧白垩纪—侏罗纪火成岩；昂仁组上段及帕达那组沉积时（88~76 Ma），物源区扩展为冈底斯岩浆弧及中拉萨亚地体（图 3-4）。这一物源区的变化反映了冈底斯岩浆弧发育侵蚀及拉萨地体抬升的不同阶段（Wu et al., 2010; An et al., 2014）。

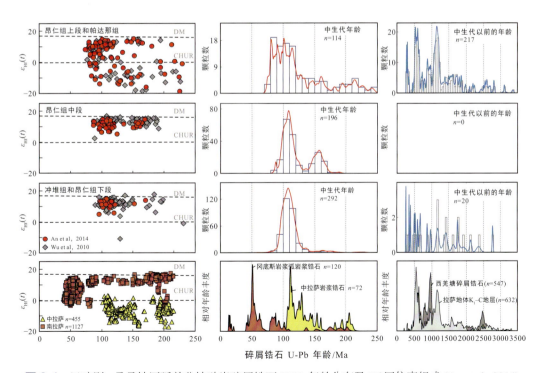

图 3-4　日喀则 - 桑桑地区弧前盆地砂岩碎屑锆石 U-Pb 年龄分布及 Hf 同位素组成 (An et al., 2014)

最新的研究表明，曲下组、加拉孜组碎屑组成、碎屑锆石年龄特征及碎屑铬尖晶石地球化学特征均与特提斯喜马拉雅同碰撞前陆盆地地层一致，可能代表了喜马拉雅造山带最早期的同碰撞盆地（图 3-5；Hu et al., 2016）。

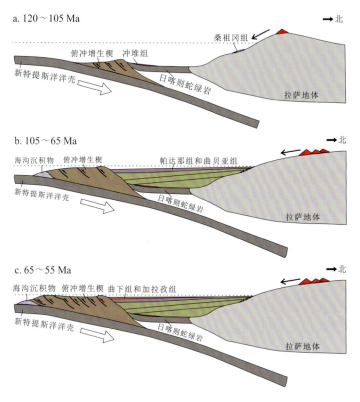

图 3-5　喀则弧前盆地充填模式图 (An et al., 2014)

3.2　大竹卡砾岩

大竹卡砾岩是沿冈底斯南麓广泛分布的一套粗碎屑岩沉积，俗称内磨拉石（尹集祥等，1988c）。其向西至少可至神山冈仁波齐地区，向东至少可至罗布莎地区，东西延展超过 1000 km。这套地层在不同的地区有许多不同的名称，如大竹卡砾岩、冈仁波齐砾岩、恰布林组、秋乌组、罗布莎砾岩、冈底斯砾岩等，但在 1 : 25 万区域资质图上，被通称为大竹卡组。这套地层沉积于冈底斯弧之上，与冈底斯花岗岩或火山岩不整合接触；其南侧被大反向断裂切割，与日喀则弧前盆地地层、增生楔混杂岩或特提斯喜马拉雅地层呈断层接触。由于断层破坏，大竹卡组的整体厚度难以实测且不同地区存在差异，但一般超过 1500 m。

沉积环境分析表明，大竹卡组最底部为湖泊相沉积，向上逐步过渡到曲流河、辫状河和冲积扇沉积。根据地层中的孢粉化石、火山灰定年和碎屑锆石最年轻年龄约束，大竹卡组的沉积时间为 25~18 Ma。物源区分析表明大竹卡组下部的碎屑物质完全来自于沉积区北侧的冈底斯弧，而上部同时包含南侧和北侧的碎屑物质，且南侧物质不断增加并占主导地位（Aitchison et al., 2002; Wang et al., 2013; Li et al., 2017; Leary et al., 2016a）。

南侧喜马拉雅山脉碎屑物质在大竹卡砾岩中的大量出现，反映了这一时期喜马拉雅造山带的快速隆升。物源区的变化时间反映快速隆升的起始时间约为 23 Ma，这一时间与喜马拉雅造山带其他沉积储库（如西瓦里克前陆盆地）中的沉积记录一致。另外，大竹卡组主体沉积于河流环境，古水流沿喜马拉雅造山带轴向分布（向西），且同时包含南北两侧的碎屑物质，因此表明这一时期古雅鲁藏布江已经形成，只是水流向西，与现今状况相反（图3-6）。现代雅鲁藏布江的形成应可能与之后流向的反转有关，这一作用可能导致了东构造结南迦巴瓦迅速的剥蚀作用（Wang et al., 2013; Li et al., 2017）。

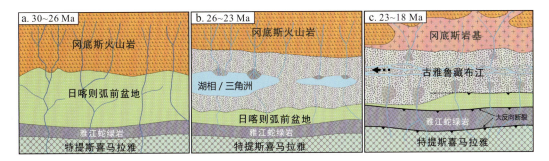

图 3-6　大竹卡砾岩的沉积模式图
反映喜马拉雅隆升和古雅鲁藏布江的形成

3.3　柳区砾岩

柳区砾岩（也称"柳曲砾岩"）是拉孜—日喀则一带与雅鲁藏布蛇绿岩相伴生的一套粗粒碎屑岩（图3-7），俗称外磨拉石，东西延展近 150 km。柳区砾岩与南侧的特提斯喜马拉雅三叠系—白垩系浅变质沉积岩以及北侧的雅鲁藏布蛇绿岩套主要呈断层接触，局部地区可见不整合接触（尹集祥等，1988c）。由于受后期构造活动的影响，野外难以找到完整的露头剖面，各地方的地层出露厚度差距也很大。在拉孜柳区（乡），柳区砾岩出露厚度大于 3500 m，是柳区砾岩出露最厚的地区，也是其命名剖面（尹集祥等，1988c; Davis 等 2002）。柳区砾岩主要由红色砾岩、含砾砂岩组成，局部见灰绿色岩层。Davis 等（2002）对雅鲁藏布江缝合带沿线多个地点的柳区砾岩进行了剖面实测和沉积环境分析，认为柳区砾岩主要形成于冲积扇、辫状河环境，局部可能为水下（湖相或浅海）沉积。

由于地层中缺少具有时代意义的化石，柳区砾岩的沉积时代并未得到很好的约束。陶君容（1988），方爱民等（2005）先后在柳区砾岩中发现了一些植物化石，根据这些化石认为沉积时间为中－晚始新世。韦利杰等（2009）在柳区砾岩的泥质岩层中发现了少量的孢粉化石，认为其时代为渐新世。但最近的锆石裂变径迹年龄分析、碎屑锆石最年轻年龄（年轻颗粒很少）和野外构造关系解析表明，柳区砾岩

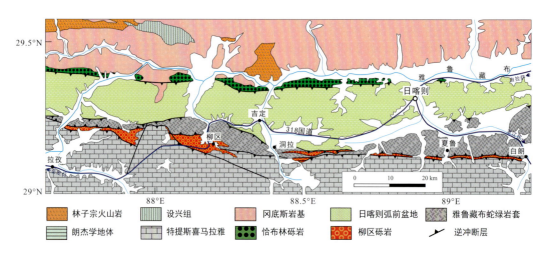

图 3-7　日喀则地区地质简图（显示柳区砾岩的分布；据 1 : 25 万日喀则幅、拉孜幅修改）

的沉积时代很可能为早中新世（Li et al, 2015; Leary et al., 2016b）。基于古土壤碳酸盐稳定同位素和植物叶片化石进行的古高度重建显示，柳区盆地的古高度小于 1000 m（Leary et al., 2017; Ding et al., 2017）。因此，柳区砾岩沉积于喜马拉雅全面隆升早期或之前。

柳区砾岩的砾石组成包括硅质岩、基性－超基性岩、石英砂岩、岩屑砂岩和浅变质板岩等，其显著的特征是缺少直接来源于冈底斯的岩浆岩砾石（图 3-8）。据此，Aitchison 等（2000）认为柳区砾岩是印度与大洋岛弧碰撞的产物。然而，对柳区砾岩进行碎屑锆石 Hf 同位素分析显示，其中存在一组白垩纪—始新世锆石，具有正的 $\varepsilon_{Hf}(t)$ 值（图 3-9，G1），明显来自于冈底斯弧（Wang et al., 2010）。因此，柳区砾岩必沉

图 3-8　柳区砾岩野外沉积特征（王建刚提供）

积于印度-亚洲大陆碰撞之后,不支持印度-大洋岛弧碰撞的模式。Leary 等（2016b）根据柳区砾岩的沉积特征、古水流方向（主体向北-西北）以及物源分析结果,提出柳区砾岩的沉积很可能与大反向断裂（GCT）的早期活动有关,地层中的冈底斯锆石来源于沉积区南侧的俯冲增生杂岩。

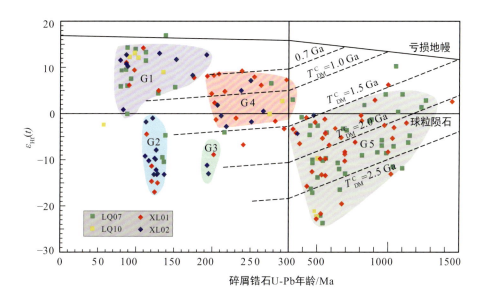

图 3-9 柳区砾岩碎屑锆石 Hf 同位素特征（G1 锆石与冈底斯弧锆石相似；Wang et al., 2010）

3.4 修康混杂岩

混杂岩是指由成分、时代、来源不同的岩块混杂堆积在一起的地质体,通常由基质、原地岩块、外来岩块三部分组成。基质一般是相对塑性的泥砂质岩石。原地岩块是指曾经与基质互层但后来受到变形破碎的岩层碎块,岩性上以砂岩、粉砂岩为主。外来岩块指混杂岩中异地来源的岩体,在岩性、时代、变形特征等方面与基质和原地岩块存在差异,其大小不等,形状各异,与基质接触关系明显。国内外大量研究表明,混杂岩是汇聚板块边界特殊地质体,主要形成于俯冲和碰撞两种构造背景之下,其研究对于理解大陆俯冲与碰撞过程具有十分重要的意义。

雅江蛇绿岩南侧广泛出露一套混杂岩,该单元最早被作为一套正常的地层（修康群）开展研究,之后被描述为含外来岩块的沉积混杂岩（Tapponnier et al., 1981; 陈国铭等, 1984; 高延林和汤耀庆, 1984）；随后被 Searle 等（1987）定名为 Yamdrock mélange,解释为构造混杂岩,可能代表了新特提斯洋俯冲时期的俯冲增生楔。这一结论得到了部分研究工作的支持（Cai et al., 2012）。胡修棉工作组的最新研究工作表明,该混杂岩带实际上可以分为两套,分别称为修康混杂岩和宗卓组（或宗卓混杂岩）。修康混杂岩分布于吉定—萨嘎一带（图 3-10）,北界与雅江蛇绿岩断层接触,南界与特提斯喜马拉雅

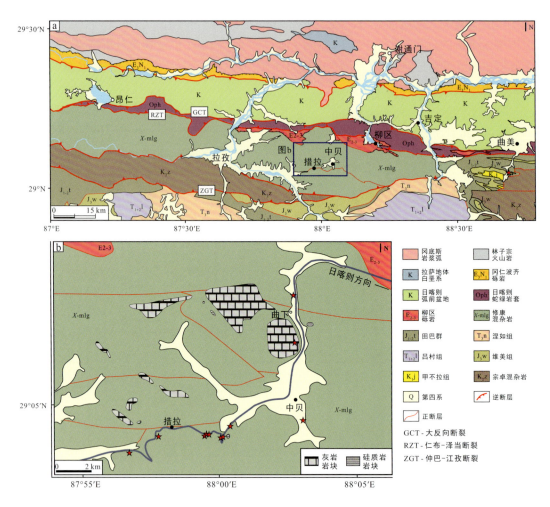

图 3-10　雅鲁藏布江缝合带中段地质简图（a. 据 1∶150 万青藏高原及邻区地质图修改）和错拉山口地质图及观察点位置（b. 据尹集祥和孙亦因，1988，修改）

地层断层（拉孜-江孜断裂）接触。宗卓组（混杂岩）分布于拉孜-江孜断裂以南，其基底为特提斯喜马拉雅的地层。

　　修康混杂岩具有典型的 block-in-matrix 的结构，含大量时代、岩性、大小不一的岩块，主要包括砂岩、灰岩、硅质岩、玄武岩等，基质以泥岩、硅质页岩为主（图 3-11），偶见薄层粉砂岩、细砂岩。泥质岩基质中含有晚白垩世浮游有孔虫 Globotruncanas 的化石，指示其形成时代至少到晚白垩世（Mercier et al., 1984）。砂岩岩块和泥岩的地球化学特征表明其物源区为被动大陆边缘，指示碎屑物质来自于古老的印度大陆（Dupuis et al., 2006）。砂岩碎屑组成及碎屑锆石 U-Pb 年龄表明砂岩岩块可分为两大类：石英砂岩具有印度大陆亲缘性，而岩屑砂岩具有亚洲大陆亲缘性；而且，不同岩屑砂岩岩块的最年轻碎屑锆石年龄存在差异，显示沉积时间的不同。最年轻的锆石年龄为 ~55 Ma（图 3-12）（An et al., 2017）。灰岩岩块多为生物碎屑灰岩，直径最大可达数千米，含大量中晚二

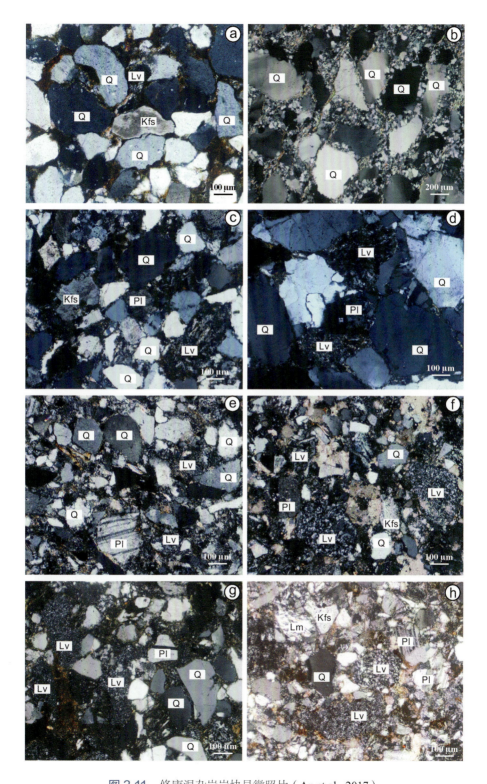

图 3-11 修康混杂岩岩块显微照片（An et al., 2017）
a, b. 第一组石英砂岩岩块；c, d. 第二组岩屑石英砂岩岩块；e, f. 第三组岩屑砂岩；g, h. 第四组岩屑砂岩岩块
Q. 石英；Kfs. 钾长石；Pl. 斜长石；Lm. 变质岩岩屑；Lv. 火山岩岩屑

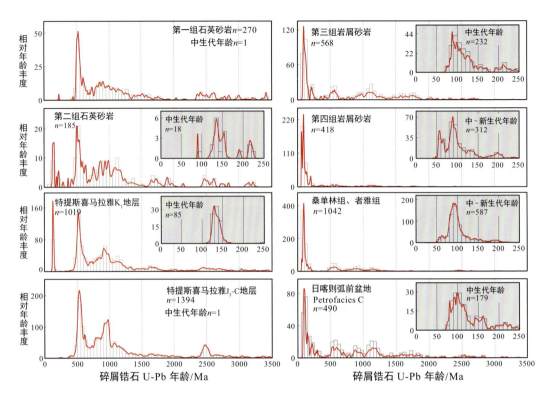

图 3-12　修康混杂岩中不同砂岩的碎屑锆石 U-Pb 年龄分布特征（An et al., 2017）
其中，第一组和第二组为石英砂岩，锆石年龄多为古生代—前寒武纪，仅出现少量早白垩世锆石年龄，反映印度北缘早白垩时期的火山事件。这两组砂岩均为典型的特提斯喜马拉雅沉积。第三组和第四组砂岩为岩屑砂岩，锆石年龄多为中生代，其中第四组锆石含古新世—早始新世年龄，表明其沉积时间晚于印度–亚洲大陆初始碰撞。碎屑锆石年龄表明这两组锆石的物源区主要为南冈底斯

叠世海百合、苔藓虫、腕足等生物（Jin et al., 2015），具有 peri-Gondwana 和华夏属性的腕足生物，指示灰岩岩块来源于二叠纪晚期新特提斯洋南缘的海山，推测在俯冲过程中被铲刮进入增生楔（Shen et al., 2003a, b）。硅质岩岩块可达数十米，含有中侏罗世—早白垩世末期的放射虫组合（朱杰等，2005），最年轻的化石记录为 Maastrichtian – Paleocene (Burg and Chen, 1984)，指示混杂岩的形成持续到古新世。此外，混杂岩含有以斑状、杏仁状玄武岩为主的基性岩岩块，多经历较低的热液变质作用，其地球化学特征显示板内的性质，与印度洋 Reunion 热点的火山岩相似（Dupuis et al., 2005）。

初步的物源区分析表明，修康混杂岩中的砂岩岩块可分为四组，其中第一组和第二组分别为石英砂岩（图 3-11a, b）和岩屑石英砂岩（图 3-11c, d），这两组砂岩的锆石年龄多为古生代—前寒武纪，其中第二组出现少量早白垩世锆石年龄（图 3-12），反映印度北缘早白垩时期的火山事件。这两组砂岩均为典型的特提斯喜马拉雅沉积。第三组和第四组砂岩为岩屑砂岩（图 3-11e~h），锆石年龄多为中生代，其中第四组锆石含古新世—早始新世年龄，表明其沉积时间晚于印度–亚洲大陆初始碰撞（图 3-12）。碎屑锆石年龄表明后两组砂岩的物源区主要为冈底斯弧。初步的物源区结果表明，修康混杂岩经历了新特提斯洋俯冲带沟–弧–盆体系的演化，并叠加印度–亚洲大陆碰撞的影

响（图 3-13）。目前，对其研究还不够系统和深入，有赖于后续研究的持续开展。

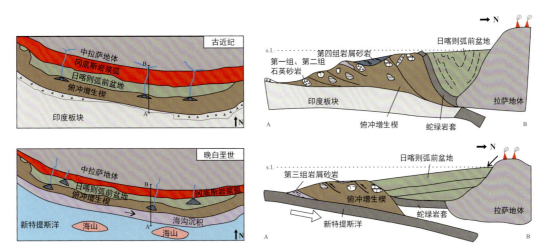

图 3-13　晚白垩世—古近纪修康混杂岩形成模式图 (An et al., 2017；反映修康混杂岩经历了由俯冲到碰撞长期的混杂作用)

3.5　考察点

● 考察点 1（29°19′41.2″N, 88°47′35.5″E）：日喀则市北雅江边屯穷村大竹卡组剖面

该剖面出露大竹卡组上段，岩性以细砾岩和紫红色泥质岩为主，沉积于辫状河、洪泛平原和冲积扇环境。砾石组成以硅质岩为主，另含石英砂岩、岩屑砂岩、基性–超基性岩、花岗岩和火山岩砾石（图 3-14）。物源区以南侧雅鲁藏布江缝合带为主，北侧冈底斯弧为辅。该处大竹卡砾岩与日喀则弧前盆地地层断层接触，位于大方向断裂的下盘。

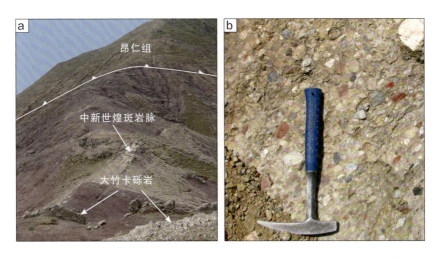

图 3-14　屯穷剖面大竹卡砾岩与日喀则弧前盆地昂仁组断层接触关系（a）及其砾岩特征（b）

考察点 2（29°54′22.1″N, 91°13′24.0″E）：扎什伦布寺北西侧昂仁组水道砾岩

该露头为昂仁组下段砾岩（图3-15），主要为厚层颗粒支撑砾岩，在地貌上突起似"岩墙"，砾石磨圆分选较好，为海底浊积扇水道沉积（王成善等，1999）。

图 3-15　昂仁组水道砾岩野外远观照片

考察点 3（29°11′5.5″N, 88°47′41.3″E）：G318 公路 4913 km 处，昂仁组浊积岩

薄层砂岩和灰黑色页岩互层，可寻找砂岩底部槽模和砂岩层中的鲍马序列（图3-16）。

图 3-16　那当村附近昂仁组浊积岩远观照片

观察点 4 (29°10′50.2″N, 88°45′03.0″E)：昂仁组中的褶皱构造变形

在日喀则至拉孜的公路上，可随时观察日喀则弧前盆地昂仁组中的褶皱构造变形（图 3-17），这些构造是判定印度-亚洲碰撞变形特征的重要对象。在考察过程中将选择合适的地方进行观察。

图 3-17　昂仁组中发育的极性向南的紧闭褶皱（冀文斌提供）

考察点 5 (29°8′40.1″N, 88°7′46.0″E)：柳区砾岩的沉积特征和砾石组成、柳区砾岩和修康混杂岩的界线

柳区砾岩多显示重力流杂乱堆积的特征，砾石磨圆不等，分选差，砾石中含大量泥板岩不稳定组分（图 3-18）。砾石成分包括硅质岩、基性-超基性岩、石英砂岩、岩屑砂岩和浅变质板岩等，但单个露头往往某一砾石成分占优势。柳区砾岩与南侧修康群混杂岩断层接触。

图 3-18　柳区砾岩野外照片

● **考察点 6（29°08′59.1″N，88°05′18.9″E）：修康混杂岩与柳区砾岩断层接触、修康混杂岩中的石英砂岩岩块、薄砂岩与页岩互层的基质**

该观察点处修康混杂岩与柳区砾岩断层接触（图 3-19）。南侧修康混杂岩中的岩块为大小不一的砂岩岩块，基质为未变形的薄层砂岩与黑色页岩互层。该点南侧可观察到薄层砂岩与灰黑色页岩互层的浊积序列，砂岩底面见底模构造。

图 3-19　修康混杂岩与柳区砾岩断层接触界线及修康混杂岩中石英砂岩岩块

● **考察点 7（29°06′41.6″N，88°02′45.9″E）：G318 公路堆康村北，修康混杂岩灰岩岩块**

该点附近可见巨大的灰岩岩块，一般覆盖在山顶上（图 3-20）；另外可见少量石英砂岩岩块。前人的研究表明，这些灰岩中见大量二叠纪海百合、箭石、腕足等生物化石，推测灰岩岩块来源于二叠纪晚期新特提斯洋南缘的海山。

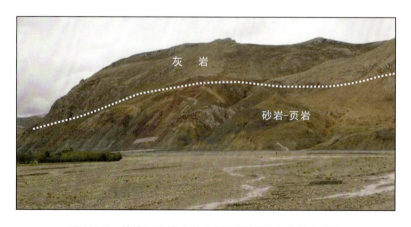

图 3-20　修康混杂岩中的大型灰岩岩块（位于山顶）

考察点 8 (29°04′08.0″N, 87°59′29.7″E)：错拉山口北侧，修康混杂岩砂岩岩块

该点附近可见修康混杂岩岩屑砂岩岩块，岩块规模较小（图 3-21），时代不一。碎屑锆石 U-Pb 年龄数据表明该点岩屑砂岩岩块时代为古近纪（约 55 Ma），形成于印度–亚洲大陆碰撞之后。

图 3-21　修康混杂岩中的岩屑砂岩岩块

考察点 9 (28°57′42.7″N, 87°55′37.3″E)：X207 公路对面，帕则朗村，修康混杂岩与特提斯喜马拉雅地层的断层接触界限

该观察点可观察到北侧的修康混杂岩向南逆冲到特提斯喜马拉雅地层（维美组石英砂岩）之上（图 3-22）。

图 3-22　修康混杂岩向南逆冲到特提斯喜马拉雅维美组之上

考察点 10 (29°03′24.0″N, 87°42′23.3″E)：G318 公路，拉孜县城东修康混杂岩石英砂岩岩块

该点可观察到修康混杂岩中的石英砂岩岩块，岩块中地层层序清楚（图 3-23），为中厚层石英砂岩夹少量硅质泥岩，砂岩层厚 20~30 cm，显示浊流沉积的特征。该套地层类似于特提斯喜马拉雅维美组。

图 3-23　修康混杂岩中的石英砂岩，具内部层序，成分类似于特提斯喜马拉雅维美组

参 考 文 献

陈国铭, 李光岑, 曲景川, 1984. 西藏南部混杂堆积及其地质意义. 喜马拉雅地质 (Ⅱ), 北京: 地质出版社, 19-25.

曹荣龙, 1981. 西藏雅鲁藏布江蛇绿岩带和深海沟沉积物的岩石学特征及其地质意义. 地球化学, 3: 247-256.

方爱民, 闫臻, 刘小汉, 等, 2005. 藏南柳区砾岩中古植物化石组合及其特征. 古生物学报, 44(3): 435-445.

高延林, 汤耀庆, 1984. 西藏南部的构造混杂岩. 喜马拉雅地质 (Ⅱ), 北京: 地质出版社, 27-44.

刘成杰, 尹集祥, 孙晓兴, 等, 1988. 西藏南部日喀则弧前盆地非复理石型海相上白垩统—下第三系. 中国科学院地质研究所集刊, 3: 130-157.

陶君容, 1988. 西藏拉孜县柳区组植物化石组合及古气候意义. 中国科学院地质研究所集刊, 3: 223-238.

王成善, 刘志飞, 李祥辉, 等, 1999. 西藏日喀则弧前盆地与雅鲁藏布江缝合带. 北京: 地质出版社.

韦利杰, 刘小汉, 严富华, 等, 2009. 藏南古近系柳区砾岩孢粉化石的发现及初步研究. 微体古生物学报, 26(3): 249-260.

吴浩若, 1984. 西藏南部白垩纪深海沉积地层——冲堆组及其地质意义. 地质科学, 1: 26-33.

西藏地质矿产局, 1997. 西藏自治区岩石地层. 武汉: 中国地质大学出版社, 183-184.

尹集祥, 孙亦因, 1988. 西藏南部拉孜县中贝地区的三叠系. 中国科学院地质研究所集刊, 3: 73-79.

尹集祥, 孙晓兴, 闻传芬, 1988a. 西藏南部日喀则弧前盆地复理石沉积——日喀则群. 中国科学院地质研究所集刊, 3: 96-118.

尹集祥, 闻传芬, 孙亦因, 等, 1988b. 雅鲁藏布江缝合带晚侏罗世—晚白垩世早期海沟内斜坡盆地——冲堆组. 中国科学院地质研究所集刊, 3: 97-119.

尹集祥, 孙晓兴, 孙亦因, 等, 1988c. 西藏南部日喀则地区双磨拉石带磨拉石岩系的地层学研究. 中国科学院地质研究所集刊, 第 3 号. 科学出版社, 北京: 158-176.

朱杰, 杜远生, 刘早学, 等, 2005. 西藏雅鲁藏布江缝合带中段中生代放射虫硅质岩成因及其大地构造意义. 中国科学: D 辑, 35(12): 1131-1139.

Aitchison J, Davis A, Liu J B, et al., 2000. Remnants of a Cretaceous intra-oceanic subduction system within the Yarlung–Zangbo suture (southern Tibet). Earth and Planetary Science Letters, 183(1): 231-244.

Aitchison J, Davis A, Badengzhu, et al., 2002. New constraints on the India-Asia collision: The Lower Miocene Gangrinboche conglomerates, Yarlung Tsangpo suture zone, SE Tibet. Journal of Asian Earth Sciences, 2121(3):251-263.

An W, Hu X M, Garzanti E, et al., 2014. Xigaze forearc basin revisited (South Tibet): Provenance changes and origin of the Xigaze Ophiolite. Geological Society of America Bulletin, 126(11-12): 1595-1613.

An W, Hu X M, Garzanti E, 2017. Sandstone provenance and tectonic evolution of the Xiukang Mélange from Neotethyan subduction to India–Asia collision (Yarlung–Zangbo suture, south Tibet). Gondwana Research 41: 222-234.

Burg J P, Chen G M, 1984. Tectonics and structure zonation of southern Tibet, China. Nature, 311: 219-223.

Cai F L, Ding L, Leary R J, et al., 2012. Tectonostratigraphy and provenance of an accretionary complex within the

Yarlung–Zangpo suture zone, southern Tibet: Insights into subduction–accretion processes in the Neo-Tethys. Tectonophysics, 574-575: 181-192.

Dai J G, Wang C S, Zhu D C, et al., 2015. Multi-stage volcanic activities and geodynamic evolution of the Lhasa terrane during the Cretaceous: insights from the Xigaze forearc basin. Lithos, 218-219: 127-140.

Davis A M, Aitchison J C, Ba D Z, et al., 2002. Paleogene island arc collision-related conglomerates, Yarlung-Tsangpo suture zone, Tibet. Sedimentary Geology, 150(3-4): 247-273.

Dilek Y, Festa A, Ogawa Y, et al., 2012. Chaos and geodynamics: Mélanges, mélange-forming processes and their significance in the geological record. Tectonophysics, 568: 1-6.

Ding L, Kapp P, Wan X Q, 2005. Paleocene-Eocene record of ophiolite obduction and initial India-Asia collision, south central Tibet. Tectonics, 24(3): 1-18.

Ding L, Spicer R A, Yang J, et al., 2017. Quantifying the rise of the Himalaya orogen and implications for the South Asian monsoon. Geology, 45(3): 215-218.

Dupuis C, Hébert R, Dubois-Côté V, et al., 2005. Petrology and geochemistry of mafic rocks from mélange and flysch units adjacent to the Yarlung Zangbo Suture Zone, southern Tibet. Chemical Geology, 214: 287-308.

Dupuis C, Hébert R, Dubois-Côté V, et al., 2006. Geochemistry of sedimentary rocks from mélange and flysch units south of the Yarlung Zangbo suture zone, southern Tibet. Journal of Asian Earth Sciences, 26: 489-508.

Dürr S, 1996. Provenance of Xigaze fore-arc basin clastic rocks (Cretaceous, South Tibet). Geological Society of America Bulletin, 108: 669-684.

Einsele G, Liu B, Dürr S, et al., 1994. The Xigaze forearc basin; Evolution and facies architecture (Cretaceous, Tibet). Sedimentary Geology, 90: 1-32.

Girardeau J, Marcoux J, Yougong Z, 1984. Lithologic and tectonic environment of the Xigaze ophiolite (Yarlug Zangbo suture zone, Southern Tibet, China), and kinematics of tis emplacement. Eclogae Geologicae Helvetiae, 77: 153-170.

Huang W T, van Hinsbergen D J J, Maffione M, et al., 2015. Lower Cretaceous Xigaze ophio-lites formed in the Gangdese forearc: Evidence from paleomagnetism, sediment provenance, and stratigraphy. Earth Planet. Sci. Lett., 415: 142-153.

Hu X M, Wang J G, BouDagher-Fadel M, et al., 2016. New insights into the timing of the India-Asia collision from the Paleogene Quxia and Jialazi formations of the Xigaze forearc basin, South Tibet. Gondwana Research, 32: 76-92.

Jin X C, Huang H, Shi Y K, et al., 2015. Origin of Permian exotic limestone blocks in the Yarlung Zangbo Suture Zone, Southern Tibet, China: With biostratigraphic, sedimentary and regional geological constraints. Journal of Asian Earth Sciences, 106: 22-38.

Leary R, Orme D A, Laskowski A K, et al., 2016a. Along-strike diachroneity in deposition of the Kailas Formation in central southern Tibet: Implications for Indian slab dynamics. Geosphere, 12: 1198-1223.

Leary R J, DeCelles P G, Quade J, et al., 2016b. The Liuqu Conglomerate, southern Tibet: Early Miocene basin development related to deformation within the Great Counter Thrust system. Lithosphere, 8: 427-450.

Li S, Ding L, Xu Q, et al., 2017, The evolution of Yarlung Tsangpo River: Constraints from the age and provenance of the Gangdese conglomerates, southern Tibet. Gondwana Research, 41: 249-266.

Orme D A, Carrapa B, Kapp P, 2015. Sedimentology, provenance and geochronology of the upper Cretaceous-lower Eocene western Xigaze forearc basin, southern Tibet. Basin Research, 27(4): 387-411.

Searle M P, Windley B F, Coward M P, et al., 1987. The closing of Tethys and the tectonics of the Himalaya. Geological Society of America Bulletin, 98(6): 678-701.

Shen S Z, Sun D L, Shi G R, 2003a. A biogeographically mixed late Guadalupian (late Middle Permian) brachiopod fauna from an exotic limestone block at Xiukang in Lhaze county, Tibet. Journal of Asian Earth Sciences, 21: 1125-1137.

Shen S Z, Shi G R, Archbold N W, 2003b. A Wuchiapingian (Late Permian) brachiopod fauna from an exotic block in the Indus–Tsangpo suture zone, southern Tibet, and its palaeobiogeographical and tectonic implications. Palaeontology, 46: 225-256.

Tapponnier P, Mercier F, Proust F, et al., 1981. The Tibetan side of the India-Eurasia collision. Nature, 294(5840): 405-410.

Wan X Q, Wang L, Wang C S, et al., 1998. Discovery and significance of Cretaceous fossils from the Xigaze Forearc Basin. Journal of Asian Earth Sciences, 16: 217-223.

Wang C S, Li X H, Liu Z H, et al., 2012. Revision of the Cretaceous–Paleogene stratigraphic framework, facies architecture and provenance of the Xigaze forearc basin along the Yarlung Zangbo suture zone. Gondwana Research, 22(2): 415-433.

Wang J G, Hu X M, Garzanti E, et al., 2013. Upper Oligocene–Lower Miocene gangrinboche conglomerate in the Xigaze area, southern Tibet: Implications for Himalayan Uplift and paleo-Yarlung-Zangbo initiation. Journal of Geology, 121(4): 425-444.

Wang J G, Hu X M, Garzanti E, et al., 2017. The birth of the Xigaze forearc basin in southern Tibet. Earth and Planetary Science Letters, 465: 38-47.

Wang J G, Hu X M, Wu F Y, et al., 2010. Provenance of the Liuqu Conglomerate in southern Tibet: A Paleogene erosional record of the Himalayan-Tibetan orogen. Sedimentary Geology, 231: 74-84.

Wu F Y, Ji W Q, Liu C Z, et al., 2010. Detrital zircon U-Pb and Hf isotopic data from the Xigaze fore-arc basin: Constraints on Transhimalayan magmatic evolution in southern Tibet. Chemical Geology, 271: 13-25.

Ziabrev S, Aitchison J, Abrajevitch A, et al., 2003. Precise radiolarian age constraints on the timing of ophiolite generation and sedimentation in the Dazhuqu terrane, Yarlung–Tsangpo suture zone, Tibet. Journal of the Geological Society, London, 160: 591-599.

印度-亚洲大陆碰撞带野外地质考察指南

第4章　定日县—聂拉木县
（特提斯喜马拉雅沉积岩系——南带）

胡修棉

4.1 特提斯洋最高海相层

特提斯洋的关闭是新生代全球海洋格局变化的重大事件,不仅导致大规模的海陆变迁,同时强烈影响亚洲地貌、全球大洋循环、生物群演化乃至全球气候变化。新特提斯洋的关闭直接标志着海水的消失,山脉隆升的起始。因此,确定特提斯的最后关闭时间,对于理解印度-亚洲大陆碰撞过程、喜马拉雅山脉的隆升及其导致的环境-气候变化具有重要的意义。新特提斯洋的关闭时间通常通过研究海相地层的消失、最早陆相地层的出现来获得。国际上对于该问题的认识存在巨大的差异,在巴基斯坦、印度和我国藏南不同的地点所得到的认识是不一样的,为 50~34 Ma (Beck et al., 1995; Pivnik and Wells, 1996; Bossart and Ottiger, 1989; Fuchs and Willems, 1990; Willems and Zhang, 1993; Willems et al. 1996; Wang et al., 2002)。

自 1908 年 Hayden H. H. 研究了藏南岗巴地区始新世海相沉积以来,科学界长期笼统地把始新世作为东特提斯洋关闭的时间。但是,始新世延时 22 Ma,有必要进一步限定。受限于多种因素,对西藏南部最高海相沉积的时间缺乏系统的研究,尤其缺乏现代意义上的高分辨率生物地层学的工作,这是导致该问题长期悬而未决的主要原因。特提斯喜马拉雅南带定日地区是我国海相白垩系—古近系研究最为详细的地区(图 4-1)。最高

图 4-1　特提斯喜马拉雅和拉萨地体南缘最高海相地层对比图

海相层在定日地区有三套地层（胡修棉等，2017）。

宗浦组： 由穆恩之等（1973）创名，指基堵拉组砂岩之上、恩巴组页岩之下的一套碳酸盐岩沉积，与下伏基堵拉组的富铁质结核的砂岩呈整合接触，其中含丰富的钙藻、大型底栖有孔虫和双壳、腹足、棘皮、介形虫、珊瑚、苔藓虫等，时代为古新世 Danian 晚期—始新世 Ypresian 期（Willems et al., 1996），厚 350~440 m。前人曾将这套地层分为下部的宗浦组和上部的遮普惹组（文世宣，1974），并将古新世与始新世的界线定义为宗浦组和遮普惹组的界线。由于野外很难快速识别该界线，且主要基于化石组合，建议统称为宗浦组（Hu et al., 2012）。宗浦组主体由中－厚层灰岩组成。下部为白云质灰岩，中部出现瘤状灰岩，上部为规则层状灰岩。基于碳酸盐微相的详细研究，宗浦组沉积主体为碳酸盐缓坡相，古新世部分表现为一个向上变深的旋回，由潮上带白云质灰岩逐渐过渡为潟湖、局限碳酸盐台地、开放碳酸盐台地、开放外海沉积（Hu et al., 2012）。古新世—始新世界线附近岗巴地区出现一套以碳酸盐砾石的砾岩，存在短暂的沉积间断，砾岩过渡为始新世碳酸盐岩沉积，沉积环境也从古新世中缓坡环境突变为砾岩之上的局限碳酸盐潟湖相，代表着第二个向上变深旋回的开始，变深趋势持续到碳酸盐沉积的结束。定日遮普热地区古新世—始新世地层连续，完整记录了浅海碳酸盐台地环境下的古新世—始新世极热事件（PETM）（Zhang et al., 2017）。

恩巴组： 李祥辉等（1999）创名于定日曲密巴。指一套灰绿色钙质页岩和中－薄层岩屑砂岩，厚约 105 m。向上砂岩层数量和厚度均增加。与下伏宗浦组的接触关系为假整合（Wang et al., 2002；Zhu et al., 2005；Hu et al., 2012），界线处见硬底构造，存在短暂的沉积间断，并非整合接触（李祥辉等，1999）。宗浦组顶部灰岩被不同程度地侵蚀，为水下沉积间断的结果。恩巴组顶部见丘状交错层理，其沉积环境为前三角洲－三角洲前缘环境，向上古水深变浅（王成善等，2001；Hu et al., 2012）。关于恩巴组的时代，定日地区恩巴组钙质超微化石指示其时代为 NP15–NP16（徐钰林，2000）或 NP15–NP17 (Lutetian–Bartonian 期)（同样的化石清单，解释不同；Wang et al., 2002）。随后，浮游有孔虫和钙质超微化石研究认为，恩巴组的时代更老些，为钙质超微带为 NP11–12 或浮游有孔虫带 P7–P8 (Ypresian, 50~52 Ma)（Zhu et al., 2005; Najman et al., 2010）。最新的浮游有孔虫研究结果表明，恩巴组鲕粒灰岩夹层中发现了浮游有孔虫 P11–P12a 带化石，指示其时代很可能延续到 43 Ma（胡修棉未发表数据）。

扎果组： 李祥辉等（2000）创名于定日曲密巴。指一套紫红色页岩夹少量透镜体状分布的砂岩，厚度大于 75 m，建组剖面为定日曲密巴剖面。此地层单元为特提斯喜马拉雅最高海相沉积，其沉积环境主体为三角洲平原，红色页岩为洪泛平原微相，而砂岩为片泛沉积或小型水道沉积，见大量的钙质结核（Calce）。扎果组与下伏恩巴组最初认为平行不整合（李祥辉等，2000；王成善等，2001；Wang et al., 2002）；Zhu 等（2005）认为角度不整合接触，并报道接触界线附近存在 25 cm 的古土壤层。我们最新的野外调查表明，离曲密巴剖面以东约 700 m 扎加剖面，扎果组和恩巴组出露清楚，两者之间的接触关系是整合接触的。在定日地区扎果组上部，徐钰林（2000）发现了钙质超微化石，认为其时代为 NP17（41~38 Ma）(Bathonian)；而 Wang 等 (2002) 认为这些化石的时代为 NP18–NP20（Priabonian 期；38~34 Ma）。Najman 等 (2010) 也在扎果组发现了钙质超微化石，组分有 50% 是再沉积的白垩纪化石，50% 为古近纪化石，钙质超微化石组合与下伏恩巴组没有区别。

恩巴组和扎果组砂岩物源区分析表明，其物源区为冈底斯弧火山岩（图 4-2，4-3）。

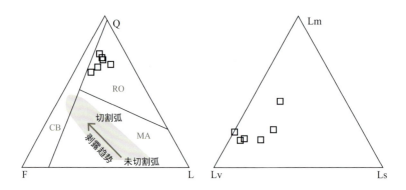

图 4-2　定日地区恩巴组和扎果组碎屑组分（据 Najman et al., 2010）
Q. 石英；F. 长石；L. 岩屑；Lm. 变质岩岩屑；Lv. 火成岩岩屑；Ls. 沉积岩岩屑；MA. 岩浆弧；CB. 大陆地块；RO. 再旋回造山带

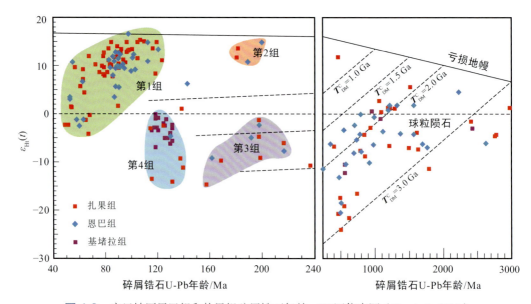

图 4-3　定日地区恩巴组和扎果组碎屑锆石年龄 – Hf 同位素图（Hu et al., 2012）

4.2　印度北缘早白垩世火山事件——卧龙组

特提斯喜马拉雅地区广泛分布着一套早白垩世火山岩屑砂岩，为了解东冈瓦纳大陆的裂解过程提供了重要约束 (Garzanti, 1993, 1999)，包括 Zanskar 喜马拉雅、印度 Kumaon 喜马拉雅 Malla Johar 地区、尼泊尔喜马拉雅 Thakkhola 地区等（Garzanti, 1999; Hu et al., 2008)。区域对比显示，火山岩屑砂岩的初始沉积时间是不同时的，喜马拉雅东部开始于 Tithonian 期（148~147 Ma），沿印度北缘向西推进，Zanskar 喜马拉雅初始沉积时间为 Albian 时期（图 4-4）。然而，火山岩屑砂岩在喜马拉雅地区消失的时间大体是同时的，为 Albian 晚期（浮游有孔虫 *Rotalipora subticinensis* 带，101.7~102.4 Ma）（Garzanti, 1999; Hu et al., 2008）。早白垩世火山岩屑砂岩沉积之后，取而代之的是 Albian 晚期深水远洋—半远洋环境，包括 Zanskar 的 Chikkim/Fatu La 组、尼泊尔的 Muding 群和藏南岗巴村口组。

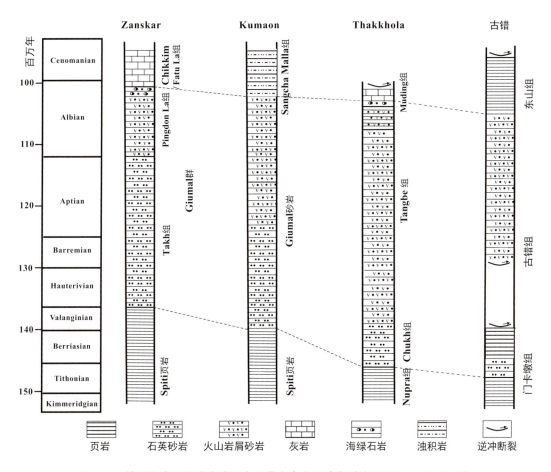

图 4-4 特提斯喜马拉雅南带早白垩世火山岩屑砂岩对比图（Hu et al., 2008）

在藏南，卧龙组火山岩屑砂岩由 Jadoul 等 (1998) 首次描述，地点在从定日到珠穆朗玛峰营地的卧龙剖面。这些沉积在三角洲－大陆架环境下、超过 400 m 厚的地层主要由火山质砂岩和泥岩组成，时代为 Tithonian 晚期到 Aptian 早期。在特提斯喜马拉雅北区的江孜地区，沉积在深水环境下的 73 m 厚的下白垩统日朗组由灰色页岩夹砂岩组成，上部砂岩为含火山碎屑的长石质和岩屑质石英砂岩（Hu et al., 2008）。康马附近早－中白垩世田巴组厚 220 m，主要由深海砂岩、粉砂岩和页岩组成。下部砂岩主要是富石英的岩屑砂岩；上部砂岩由长石、岩屑组成，岩屑以玄武岩岩屑为主，含少量变质岩岩屑。田巴组的碎屑铬尖晶石地球化学数据指示其来自板内玄武岩，而非岛弧或蛇绿岩（Zhu et al.，2004）。

通过对卧龙火山岩屑砂岩岩石学和物源区研究，确认在印度北缘早白垩世存在一次大规模的板内火山活动。早期火山活动以碱性玄武岩的喷发为主，晚期以双峰式玄武岩-流纹岩/英安岩为主。玄武质火山碎屑的碱性特质和 OIB 型微量元素、稀土元素特征、碎屑铬尖晶石的化学成分等都指示早白垩世火山活动为板内构造背景（图 4-5）。

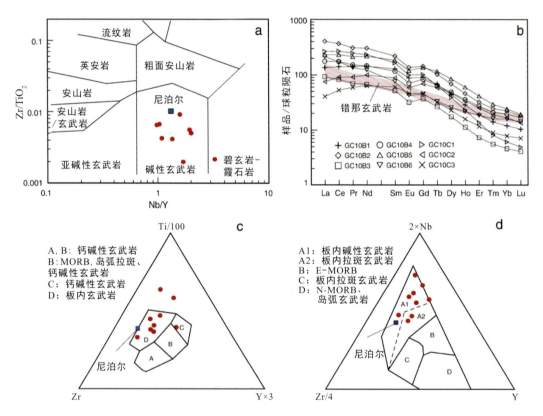

图 4-5　卧龙火山岩屑砂岩铁镁质火山岩屑玄武岩判别图解 (Hu et al., 2010)
a. Floyd 和 Winchester(1978) 的 Nb/Y-Zr/TiO₂ 图解；b.Sun 和 McDonough（1989）的球粒陨石-稀土元素标准化模式，错那玄武岩数据来源于 Zhu 等 .(2008)；c. Pearce 和 Cann（1973）的 Ti/100-Zr-Y×3 图解；d. Meschede（1986）的 2×Nb-Zr/4-Y 图解

近年来对白垩系—古近系砂岩的碎屑锆石年龄研究显示，特提斯喜马拉雅早白垩世碎屑锆石年龄峰在北带砂岩中为 142~123 Ma，南带该峰略微年轻为 140~116 Ma。这次物源区的岩浆活动最早可出现在 147~148 Ma，最年轻可以达 110 Ma（图 4-6）。早白垩世锆石（140~120 Ma）的 $\varepsilon_{Hf}(t)$ 为 –1.5~–7.2，平均为 –4.6。两阶段模式年龄为 1.3~1.6 Ga；这说明早白垩世碎屑锆石的母岩浆是古老大陆地壳的部分熔融和新生地幔岩浆的混合来源（Hu et al., 2010）。

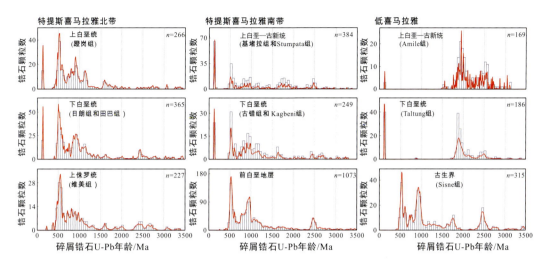

图 4-6　特提斯喜马拉雅北带、南带和低喜马拉雅前白垩系、下白垩统、上白垩统—古新统砂岩碎屑锆石年龄分布图（Hu et al., 2015）

关于特提斯喜马拉雅早白垩世火山岩屑砂岩所指示的物源区——印度大陆北缘出现的同期火山事件有三种不同的成因认识。

第一种观点认为印度北缘火山事件与裂谷作用相关（Garzanti, 1993; 1999; Durr and Gibling 1994; Gibling et al., 1994）。他们认为，在印度北缘存在早白垩世裂谷作用，裂谷作用形成双峰式火山岩，向北为印度北缘被动大陆边缘盆地提供物源，沉积形成卧龙组及其相当地层。这一模式被 van Hinsbergen 等 (2012) 作为提出 Greater Indian Basin 假说的主要支持证据。

第二种观点认为是区域深大断裂作用活动的结果（Hu et al., 2010; Du et al., 2015）（图 4-7）。随着印度板块从澳大利亚－南极洲超级大陆分离，区域应力场的改变和板块逆时针旋转导致区域性拉伸作用。拉伸作用导致可能切穿地壳的深大断裂的形成，使得地幔上涌和减压熔融形成火山作用。当印度板块最终与澳大利亚－南极洲板块分离时，拉伸作用和深大断裂失去深部动力学控制而静止，同期的火山作用也随之停止。第一种和第二种观点能解释线状分布的卧龙组及其相当地层的时空分布，但面临的一个重要挑战是在印度北缘没有同期岩浆岩的发现和报道。另外一种可能的解释是：河流水系的发育可以把物源区火山岩碎屑带到几千千米之外的三角洲－陆棚环境下沉积（Hu et al., 2015），如尼罗河三角洲沉积就有几千千米之外的裂谷火山沉积（Garzanti et al., 2014）。最近的碎屑锆石年代学的研究并不支持物源区岩浆活动自东向西的变化，很可能反映了水道系统自东向西的不断推进，即火山碎屑物质自东部火山作用物源区开始向西搬运 (Hu et al., 2015)。如果这个认识得到确认的话，印度北缘的早白垩世岩浆活动应该位于印度东北缘，不仅出现在深水沉积环境（现在残留的措美大火成岩省的记录），还出现在印度东北缘的陆地环境，并向北、向西通过水系输送到浅海和深海环境中沉积下来 (Hu et al., 2015)。

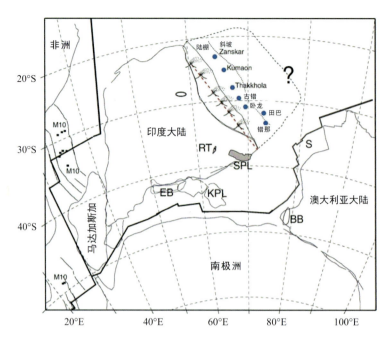

图 4-7　早白垩世印度洋板块重建示意图

显示早白垩世印度北缘火山事件（Hu et al., 2010）粗线代表假想的板块边界。细实线代表大陆海岸线。BB. Bunbury；EB. Elan Bank；KPL.Kerguelen 高原；RT. Rajamahal Traps；SPL. Shillong 高原。M10 代表海底地磁异常带 M10（131.9Ma）

　　第三种观点认为与地幔柱相关。通过对藏东南特提斯喜马拉雅带东段深水地层中出现的大规模白垩纪火成岩（玄武岩、镁铁质岩墙/岩床、辉长岩侵入体以及少量层状超镁铁质岩和酸性火山岩）的研究，Zhu 等 (2009)、朱弟成等 (2013) 提出措美大火成岩省，得到了广泛的关注。锆石 U-Pb 定年结果指示现今覆盖面积约 50000 km^2 的岩浆活动发生在 130~136 Ma (峰期约 132 Ma)。显然，现今出露于特提斯喜马拉雅带东段深水地层中的火成岩不可能是浅水环境下的卧龙组的直接来源。一种可能是，现今出露的措美大火成岩省仅仅是残留的一部分，在当时的印度北缘陆地地区可能广泛出露，并给卧龙组及其相当地层提供物源。但是，碎屑锆石年龄显示延时较长（140~116 Ma），且碎屑锆石 Hf 同位素出现明显大陆地壳混染的特征，这是地幔柱假说所不能完全解释的。

4.3　考察点

⦿ 考察点 1（28°26′39.1″N, 86°40′22.5″E）：定日龙江剖面宗浦组、恩巴组及扎果组，定日龙江村往绒布寺方向 5 km 左右，在公路东侧位置

　　上白垩统灰色泥灰岩（岗巴村口组），向上过渡为砂质灰岩与泥灰岩不等厚互层（旧堡组），再向上变为灰岩层（遮普热山坡组）。白垩系与始新统宗浦组灰岩断层接触，断层破碎带发育明显，断层为由北向南逆冲，倾向向北。断层破碎带内见一套 20 cm 厚

古新世早期沉积的基堵拉组石英砂岩。龙江剖面出露有宗浦组顶部始新世灰岩、恩巴组和扎果组（图4-8）。

图4-8　定日龙江剖面远观照片（镜头方向东南，胡修棉提供）

该剖面发育宗浦组顶部始新世底栖大有孔虫灰岩，局部发育货币虫滩。宗浦组时代该剖面为SBZ7-SBZ11，始新世Ypresina期（图4-9）。宗浦组顶部见侵蚀界面，与上覆恩巴组为平行或微角度不整合接触。恩巴组主体为深灰色钙质页岩夹薄层岩屑砂岩，可见厚度大于40 m。恩巴组与扎果组沉积渐变接触。扎果组主体为紫红色页岩，夹少量的砂岩层。红色砂岩中见绿色结核砾岩，全为碳酸盐结核，为古土壤结核再沉积形成。

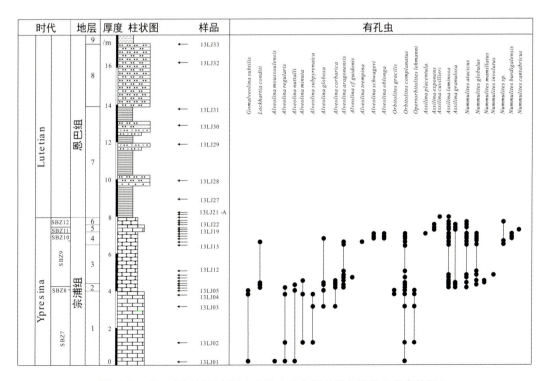

图4-9　定日龙江剖面底栖大有孔虫分布图（据胡修棉未发表数据）

考察点 2（28°46′55.2″N, 86°19′20.7″E）：聂拉木古错剖面卧龙组，G318 国道聂拉木县门卡麦乡古错村

古错地区侏罗纪末期—早白垩世地层连续，构造相对简单，化石丰富，尤其是菊石类和双壳类化石最为丰富，古错剖面（图 4-10）被认为是我国研究海相侏罗纪—早白垩世沉积的最佳剖面之一（刘桂芳和王思恩，1987；刘桂芳，1988；姚培毅等，1990）。1966~1968 年王义刚和张明亮发现该剖面并对其做了初步研究（王义刚和张明亮，1974）。20 世纪 80 年代初，余光明等（1983）对该剖面进行了重新测制，发现地层层序倒转，进而对其进行了修订；随后，又重新对古错剖面进行了较为系统和详细的研究，建立古错一组至古错五组，发现了大量的早白垩世菊石动物群（刘桂芳和王思恩，1987；徐钰林等，1990）和双壳动物群（姚培毅等，1990；Li and Grant-Mackie, 1994；苟宗海，1997）。

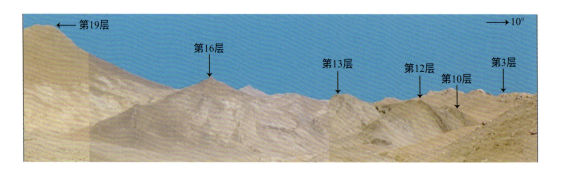

图 4-10　古错剖面远观照片（胡修棉提供）

该剖面经胡修棉等（2006）、Hu 等 (2010) 详细实测，研究者认为定日古错剖面下白垩统卧龙组出露厚度 900 多米，主要为火山岩屑砂岩夹不等厚页岩组成，时代为 Aptian 期—Albian 早期，最早喷发时代可以出现在侏罗纪末期 Tithonian 晚期。断层造成早白垩世 Berriasian-Barremian 地层缺失。详细的沉积学研究表明（图 4-11），该剖面卧龙组沉积环境为三角洲前缘 - 陆棚环境 (胡修棉等 , 2006)。

卧龙火山岩屑砂岩的火山物质来源位于其南部，砂岩的槽状交错层理显示一个方向大致向北、北西的古水流方向。火山碎屑和陆源碎屑颗粒大多分选性差，中等磨圆。部分火山碎屑是近地表喷发，但火山喷发中心相距不远。火山凝灰质岩屑的出现、一些未风化的火山岩屑和长石、火山和石英的棱角 - 次棱角状都表明了一种快速喷发和相对短距离的搬运（Hu et al., 2010）。

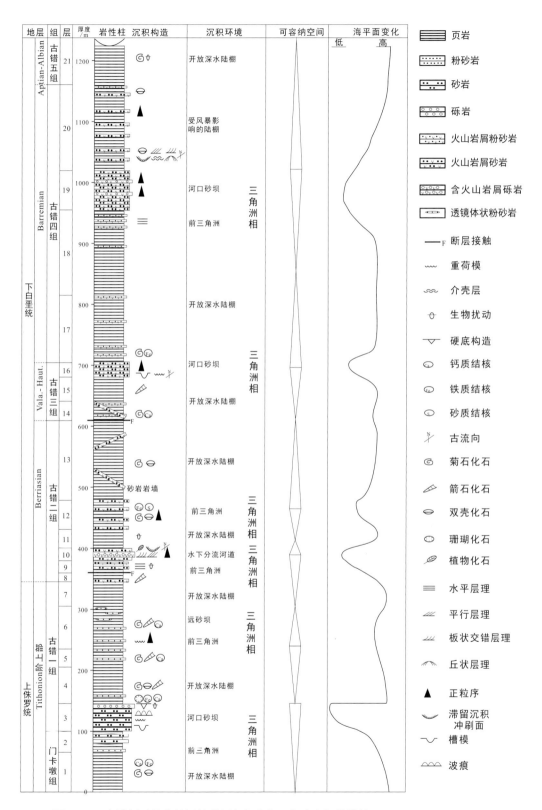

图 4-11 古错剖面综合地层柱状图与沉积相 (修改自胡修棉等，2006；Hu et al., 2010)

参 考 文 献

荀宗海.1997.西藏南部地区双壳类化石新材料.西藏地质,(1):39-51.

胡修棉,李娟,安慰,等,2017.藏南白垩纪—古近纪岩石地层厘定与构造地层划分.地学前缘,24(1):174-194.

胡修棉,王成善,李祥辉,等,2006.藏南古错地区上侏罗统上部和下白垩统沉积相.古地理学报,8(2):175-186.

李祥辉,王成善,胡修棉,等,2000.朋曲组——西藏南部最高海相层位一个新的地层单元.地层学杂志,24(3):243-248.

刘桂芳,1988.西藏聂拉木古错晚侏罗世至早白垩世菊石群.见:中国地质科学院编.西藏古生物论文集.北京:地质出版社,1-65.

刘桂芳,王思恩,1987.西藏喜马拉雅地区上侏罗统和下白垩统研究的新进展.见:中国地质科学院地层古生物论文集编委会编.地层古生物论文集(17).北京:地质出版社,143-166.

王成善,李祥辉,胡修棉,2001.西藏最新非碳酸盐海相沉积及其对新特提斯关闭的意义.地质学报,75(3):314-321.

王义刚,张明亮,1974.珠穆朗玛峰地区的地层——侏罗系.见:中国科学院西藏科学考察队编.珠穆朗玛峰地区科学考察报告(1966-1968)——地质.北京:科学出版社,124-147.

徐钰林,2000.西藏南部早第三纪钙质超微化石及东特提斯在西藏境内的封闭时限.现代地质,14(3):255-262.

徐钰林,万晓樵,荀宗海,等,1990.西藏侏罗,白垩,第三纪地层.武汉:中国地质大学出版社,1-147.

姚培毅,刘训,傅德荣,1990.西藏南部古错侏罗—白垩系界线剖面的新观察.中国地质科学院院报,第21号,北京:地质出版社,41-54.

余光明,徐钰林,张启华,等,1983.西藏聂拉木地区侏罗系地层的划分和对比.见:"三江"专著编辑委员会.青藏高原地质文集(11):165-176.

朱弟成,夏瑛,裘碧波,等,2013.为什么要提出西藏东南部早白垩世措美大火成岩省.岩石学报,29(11):3659-3670.

Beck R A, Burbank D W, Sercombe W J, et al., 1995. Stratigraphic evidence for an early collision between Northwest India and Asia. Nature, 373: 55-58.

Bossart P, Ottiger R, 1989. Rocks of the Murree formation in northern Pakistan: Indicators of a descending foreland basin of Late Palaeocene to Middle Eocene age. Eclogae Geologicae Helveticae, 82: 133-165.

Du X, Chen X, Wang C, et al., 2015. Geochemistry and detrital zircon U-Pb dating of Lower Cretaceous volcaniclastics in the Babazhadong section, Northern Tethyan Himalaya: Implications for the breakup of Eastern Gondwana. Cretaceous Research 52 (Part A): 127-137.

Durr S B, Gibling M R, 1994. Early Cretaceous volcaniclastic and quartzose sandstones from north central Nepal: composition, sedimentology and geotectonic significance. Geologische Rundschau, 83(1): 62-75.

Floyd P A, Winchester J A, 1978. Identification and discrimination of altered and metamorphosed volcanic rocks using immobile elements. Chemical Geology, 21: 291-306.

Fuchs G, Willems H, 1990. The final stages of sedimentation in the Tethyan zone of Zanskar and their geodynamic significance (Ladakh–Himalaya). Jahrbuche Geologische Bundenstalt, 133: 259-273.

Garzanti E, 1993. Sedimentary evolution and drowning of a passive margin shelf (Giumal Group; Zanskar Tethys Himalaya, India); palaeoenvironmental changes during final break-up of Gondwanaland. Geological Society, London, Special Publications, 74: 277-298.

Garzanti E, 1999. Stratigraphy and sedimentary history of the Nepal Tethys Himalaya passive margin. Journal of Asian Earth Sciences, 17(5-6): 805-827.

Garzanti E, Vermeesch P, Padoan M, et al., 2014. Provenance of passive-margin sand (Southern Africa). The Journal of Geology, 122(1): 17-42.

Gibling M R, Gradstein F M, Kristiansen I L, et al., 1994. Early Cretaceous strata of the Nepal Himalayas; Conjugate margins and rift volcanism during Gondwanan breakup. Journal of the Geological Society of London, 151(2): 269-290.

Hu X M, Jansa L, Wang C S, 2008. Upper Jurassic–Lower Cretaceous stratigraphy in south-eastern Tibet: A comparison with the western Himalayas. Cretaceous Research, 29(2): 301-315.

Hu X M, Jansa L, Chen L, et al., 2010. Provenance of Lower Cretaceous W long Volcaniclastics in the Tibetan Tethyan Himalaya: Implications for the final breakup of Eastern Gondwana. Sedimentary Geology, 223(3-4): 193-205.

Hu X M, Garzanti E, An W, 2015. Provenance and drainage system of the Early Cretaceous volcanic detritus in the Himalaya as constrained by detrital zircon geochronology. Journal of Palaeogeography, 4(1): 85-98.

Hu X M, Sinclair H D, Wang J G, et al., 2012. Late Cretaceous–Palaeogene stratigraphic and basin evolution in the Zhepure Mountain of southern Tibet: Implications for the timing of India-Asia initial collision. Basin Research, 24(5): 520-543.

Jadoul F, Berra F, Garzanti E, 1998. The Tethys Himalayan passive margin from late Triassic to early Cretaceous (South Tibet). Journal of Asian Earth Sciences, 16(2-3): 173-194.

Li X, Grant-Mackie J A, 1994 .New Middle Jurassic–Lower Cretaceous bivalves from Southern Tibet. Journal of Southeast Asian Earth Sciences, 9: 263-276 .

Meschede M, 1986. A method of discriminating between different types of mid-ocean ridge basalts and continental tholeiites with the Nb–Zr–Y diagram. Chemical Geology, 56: 207-218.

Najman Y, Appel E, Boudagher-Fadel M, et al., 2010. Timing of India-Asia collision: Geological, biostratigraphic, and palaeomagnetic constraints. Journal of Geophysical Research Solid Earth, 115(B12): B12416.

Pearce J A, Cann J R, 1973. Tectonic setting of basic volcanic rocks determined using trace element analysis. Earth and Planetary Science Letters, 19: 290-300.

Pivnik D A, Wells N A, 1996. The transition from Tethys to the Himalaya as recorded in Northwest Pakistan. Geological Society of America Bulletin, 108: 1295-1313.

Sun S S, McDonough W F, 1989. Chemical and isotope systematics of oceanic basalts: Implications for mantle composition and processes. In: Saunders A D (Ed.), Magmatism in Ocean Basins. Geological Society Publication,

313-345.

van Hinsbergen D J, Lippert P C, Dupont-Nivet G, et al., 2012. Greater India Basin hypothesis and a two-stage Cenozoic collision between India and Asia. Proceedings of the National Academy of Sciences, 109(20): 7659-7664.

Wang C S, Li X H, Hu X M, et al., 2002. Latest marine horizon north of Qomolangma (Mt Everest): Implications for closure of Tethys seaway and collision tectonics. Terra Nova, 14(2): 114-120.

Willems H, Zhang B G, 1993. Cretaceous and Lower Tertiary sediments of the Tethys Himalaya in the area Tingri (South Tibet, PR China). Ber. FB Geowiss.Univ. Bremen., 38: 29-47.

Willems H, Zhou Z, Zhang B, et al., 1996. Stratigraphy of the Upper Cretaceous and Lower Tertiary Strata in the Tethyan Himalayas of Tibet (Tingri area, China). Geologische Rundschau, 85(4): 723-754.

Zhang Q H, Wendler I, Xu X X, et al., 2017. Structure and magnitude of the carbon isotope excursion during the Paleocene-Eocene thermal maximum. Gondwana Research, 46: 114-123.

Zhu B, Kidd W S F, Rowley D B, et al., 2004. Chemical compositions and tectonic significance of chrome-rich spinels in the Tianba Flysch, southern Tibet. Journal of Geology, 112(4): 417-434.

Zhu B, Kidd W S F, Rowley D B, et al., 2005. Age of initiation of the India-Asia collision in the east-central Himalaya. Journal of Geology, 113(3): 265-285.

Zhu D C, Chung S L, Mo X X, et al., 2009. The 132 Ma Comei-Bunbury large igneous province: Remnants identified in present-day southeastern Tibet and southwestern Australia. Geology, 37(7): 583-586.

印度-亚洲大陆碰撞带野外地质考察指南

第5章 聂拉木县—定日县—拉孜县—日喀则（高喜马拉雅变质岩系）

王佳敏 杨雷

本路线主要是沿 G318 国道的聂拉木段,考察内容为喜马拉雅造山带中变质程度最高的高喜马拉雅变质岩系(GHC)、高喜马拉雅的上部边界藏南拆离系(STD)和其下部边界主中央逆冲断层(MCT)。共包括 6 个考察点,其中考察点 1 和 2 与藏南拆离系有关,考察点 3、4 和 5 为高喜马拉雅变质岩系内部的混合岩,考察点 6 为主中央逆冲断层,位于尼泊尔境内(选择性考察点)。聂拉木县海拔大约 3700 m,县城内有多个旅馆可以下榻。剖面最南端为我国与尼泊尔曾经最繁忙的通商口岸樟木镇,位于喜马拉雅山南坡,海拔大约 2200 m,原先比聂拉木县城繁华得多,可惜于 2015 年尼泊尔大地震后被废弃。本路线也是往返中国和尼泊尔的旅游观光路线,每年的 6~8 月,喜马拉雅山南坡雨水充沛、雾气缭绕,沿着 G318 国道可见多条壮丽的瀑布。

5.1 高喜马拉雅变质岩系

5.1.1 高喜马拉雅变质岩系简介

高喜马拉雅变质岩系是喜马拉雅地质研究极为重要的方面。它出露在北侧藏南拆离系和南侧主中央逆冲断层之间(图 5-1,图 5-2),主要为一套经历中－高级变质的碎屑沉积岩系,间有大量花岗片麻岩,这些大多被认为是泛非期形成的侵入体。高喜马拉雅的地质研究主要集中在以下几个方面:① 高喜马拉雅岩系的变质历史与折返过程,经典的反转变质带即来源于此;② 高喜马拉雅岩系变质作用与淡色花岗岩形成的关系;③ 高喜马拉雅岩系在整个喜马拉雅造山过程中的地位与作用。这些问题实质上是相互联系的。

关于高喜马拉雅变质岩系研究中最重要的科学问题为其折返机制及其对喜马拉雅造山过程的制约。目前存在的争论和不同认识可以总结为几个经典的演化模型:① 隧道流模型(channel flow,Nelson et al., 1996; Beaumont, et al., 2001)强调增厚下地壳的部分熔融能够降低岩石的黏度,这些低黏度物质在喜马拉雅地形前锋的强烈剥蚀作用下,能够驱动高喜马拉雅随着其边界藏南拆离系与主中央逆冲断层的同时代活动而折返。相比之下,隧道流模型更强调部分熔融带来的伸展作用,与之相似的有韧性

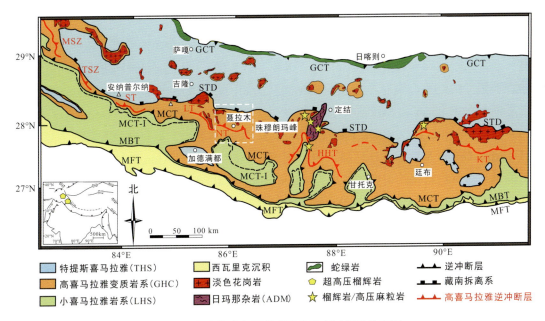

图 5-1 喜马拉雅中部高喜马拉雅变质岩系分布图

GCT. 大反冲断层；STD. 藏南拆离系；MCT. 主中央逆冲断层；MBT. 主边界逆冲断层；MFT. 主前锋逆冲断层；红色逆冲断层为高喜马拉雅逆冲断层（high Himalayan thrust, HHT）。白色方框内为图 5-3 位置（据 Wang et al., 2016 修改）

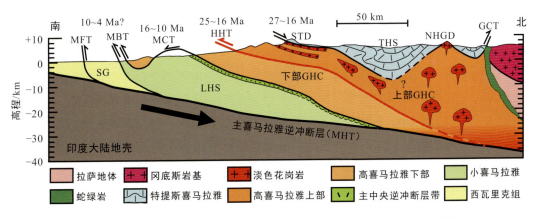

图 5-2 喜马拉雅中部基本构造格局横截面示意图（据 Wang et al., 2016 修改）

NHGD. 北喜马拉雅片麻岩穹隆；SG. 西瓦里克沉积

挤出模型（ductile extrusion, Grujic et al., 1996）。② 构造楔模型（或被动顶板断层模型，Webb et al., 2011）则将藏南拆离系当作一条早先向北逆冲的断层，认为后期藏南拆离系的向北拆离则是其相对特提斯喜马拉雅岩系运动的结果，并不是喜马拉雅大规模伸展的标志。③ 临界楔模型（critical taper, Bollinger et al., 2006; Kohn, 2008）则强调传统的板底垫托作用，认为喜马拉雅存在一系列深部与主喜马拉雅逆冲断层（MHT）相连的逆冲断层，这些逆冲断层在不同的时期间断性活动，贡献了高喜马拉雅物质的折返。

高喜马拉雅研究资料积累极为丰富，我们不拟对其进行全面的回顾与总结，但仅指出一点，那就是高喜马拉雅岩系中的榴辉岩（图 5-1），它们应该是印度大陆向亚洲大陆之下俯冲的结果，具有重要的研究意义。例如，在印度西北部的 Tso Morari 地区和巴基斯坦的 Kaghan 和 Stak 地区，相继发现了高压和超高压榴辉岩（DeSigoyer et al., 1997; O'Brien et al., 2001）。在广大的喜马拉雅中部地段，只有在我国境内的定结地区（Ama Drime Massif，日玛那杂岩，图 5-1）、尼泊尔的 Arun Valley 以及不丹境内发现了高温麻粒岩化的退变质榴辉岩（Lombardo et al., 2000; Groppo et al., 2007; Corrie et al., 2010; Warren et al., 2011; Wang et al., 2017）。而在喜马拉雅东构造结地区，至今未有榴辉岩报道。

高喜马拉雅研究尽管极为重要，但该地质体大多位于高山之巅，且大部分这方面的工作都是在境外的尼泊尔、不丹和印度等地进行的。而实际上，境内的亚东、定结、聂拉木、吉隆和普兰等南北向沟谷地带也都是研究高喜马拉雅的良好地区。特别是聂拉木地区，由于境内 G318 国道沿着南北向穿越了高喜马拉雅岩系，因此是研究高喜马拉雅变质岩系难得的地方。以下分别对高喜马拉雅中出露的主要变质岩石、淡色花岗岩和断层体系进行介绍，然后以聂拉木地区为例介绍这些地质对象的出露情况和基本特征。

5.1.2 聂拉木地区高喜马拉雅变质岩

聂拉木地区（图 5-3）位于喜马拉雅造山带中部，境内西北角为希夏邦玛峰，海拔 8012 m。该区是中国境内高喜马拉雅出露最完整的地区，其北至藏南拆离系，南距主中央逆冲断层约 1 km。区域内高喜马拉雅岩石主要为角闪岩相至麻粒岩相的混合岩化副片麻岩，其原岩为新元古界—寒武系的沉积岩；石英岩、钙质硅酸岩等呈夹层状出露于变质沉积岩中；早古生代的眼球状花岗质片麻岩侵入变质沉积岩内（图 5-3）。在 1∶25 万区调图中，该区的高喜马拉雅被划分为下部的曲乡岩群、上部的江东岩群和顶部的肉切村岩群，分别具有向南剪切、交替剪切和向北剪切的运动学指向。穿越高喜马拉雅，大多数岩石面理倾向为北北东—北西；岩石线理发育，其倾角大多呈低角度倾向北西（图 5-4）。

聂拉木地区高喜马拉雅的变质级别从南至北逐渐增强，随后在顶部迅速降低。按照变泥质岩石演化序列，从南至北可依次划分出蓝晶石带、夕线石 - 白云母带、夕线石 - 钾长石带、堇青石带、过渡带和特提斯喜马拉雅底部的绿泥石带（图 5-4；Wang et al., 2013）。峰期变质温度具有向北升高的趋势，并在堇青石带中达到最大值 ~750 ℃。高喜马拉雅的下部岩片的变质温度较低，为 630~670 ℃；上部岩片的变质温度较高，为 710~750 ℃（图 5-5a）。峰期温度所对应的压力向北具有降低的趋势，在蓝晶石带中达

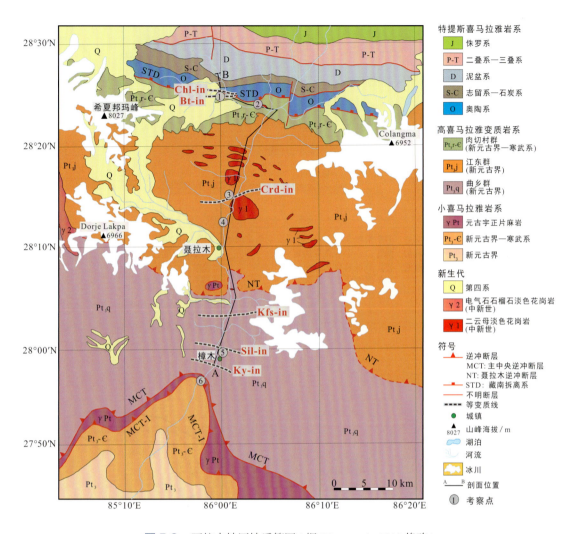

图 5-3　聂拉木地区地质简图（据 Wang et al., 2013 修改）

到最大值 9~13 kbar[①]，并在堇青石带中降至约 4 kbar（图 5-5b；Wang et al., 2013）。相平衡模拟的结果表明（图 5-5c；Wang et al., 2016），主中央逆冲断层带中的岩石具有发夹状的 P-T 轨迹；高喜马拉雅下部岩石具有升温升压的进变质 P-T 轨迹，峰期过后经历了小幅度近等温降压；而上部岩石经历了高温均一化作用，记录了近降温降压的轨迹。

聂拉木地区高喜马拉雅的上部和下部岩片具有不同的演化历史。对部分熔融方式、程度，以及对锆石、独居石和金红石的 U-Th-Pb 变质年代学研究表明（图 5-5c；Wang et al., 2015a）：高喜马拉雅上部岩片首先被埋藏并达到峰期变质温度和更高程

---

① 1bar =1×10^5Pa。

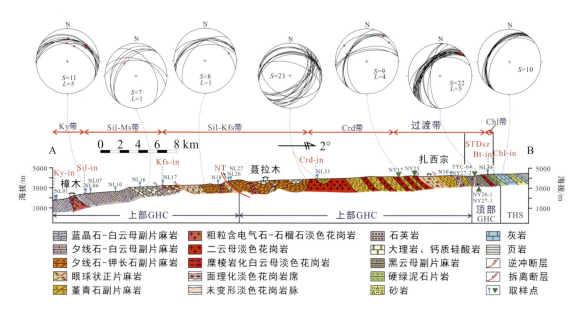

图 5-4 聂拉木地区南北向地质剖面图（据 Wang et al., 2013 修改）

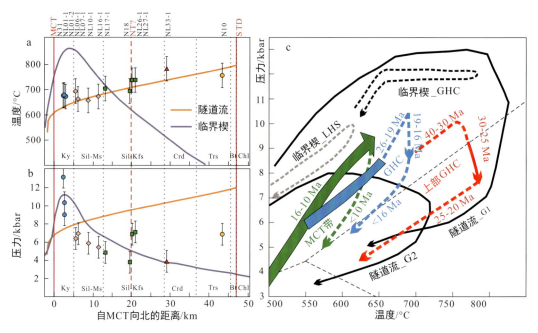

图 5-5 聂拉木高喜马拉雅的变质温压剖面(a, b)及变质 P-T-t 轨迹(c)（据 Wang et al., 2013, 2016 修改）
Ky. 蓝晶石，Sil. 夕线石，Ms. 白云母，Kfs. 钾长石，Crd. 堇青石，Bt. 黑云母，Trs. 过渡带，Chl. 绿泥石

度的部分熔融（15%~25%），部分熔融通过白云母和黑云母脱水熔融产生。高喜马拉雅上部岩片在 40~35 Ma 时处于固相线下进变质条件；最早的进变质熔融开始于 ~32 Ma，大规模的部分熔融时代为 29~25 Ma，并可能持续至 ~20 Ma。高喜马拉雅

下部岩石则经历了较低的部分熔融程度（0~10%），部分熔融则是通过饱和水固相线熔融或白云母脱水熔融反应产生的。独居石、锆石记录了 ~26 Ma 的固相线下进变质年龄，部分熔融从 ~19 Ma 持续至 16 Ma，而此时高喜马拉雅上部已经进入了冷却阶段。在不同的时间点，高喜马拉雅上部和下部岩片都分别经历了初始较慢的冷却过程（35±8 ℃/Ma，10±5 ℃/Ma）和随后的快速冷却过程 (120±40 ℃/Ma)。该变质时间框架表明高温变质持续了较长的时间 (~15 Ma)，而部分熔融则持续了 7~12 Ma。

5.1.3　聂拉木地区高喜马拉雅淡色花岗岩

聂拉木地区的淡色花岗岩在整个剖面均有分布，但主要集中在上部和顶部。岩石类型包括二云母淡色花岗岩、电气石淡色花岗岩以及一些伟晶岩，很少见到石榴石淡色花岗岩。产状包括岩脉、岩席以及小型岩株。其中，在扎西岗东西两侧分布着该区最大的两个淡色花岗岩岩株，分别为中细粒二云母淡色花岗岩和中粗粒电气石淡色花岗岩。就出露面积而言，均小于 25 km²。

前人已对该区的淡色花岗岩做了大量的定年工作，选取的矿物主要为锆石和独居石。U-（Th-）Pb 定年结果显示，该区淡色花岗岩与伟晶岩的年龄跨度相对较大，从 27 Ma 到 14 Ma，可以分为 27~19 Ma、17~14 Ma 两个期次（Schärer et al., 1986; Liu et al., 2012; Wang et al., 2013; Leloup et al., 2015; Wang et al., 2016）。有时，一块样品中出现一些较老的渐新世年龄，大家多将较老的年龄解释为继承年龄或捕获围岩的年龄。但随着淡色花岗岩研究越来越深入，大家发现淡色花岗岩可能具有较长时间的演化历史，因此对于这些老的年龄的来源，还需要仔细甄别。第一期的淡色花岗岩主要是一些发育变形的、近平行围岩片麻理的伟晶岩脉体，也有少量电气石淡色花岗岩脉体。其中，最老的淡色花岗岩是一套出露在高喜马拉雅上部的与围岩互层侵位的呈豆丁状的伟晶岩脉，为 27.4 Ma。这一年龄在特提斯喜马拉雅非常普遍，但在高喜马拉雅很少出现，吉隆混合岩中的部分淡色脉体中出现这一年龄。第二期（17~14 Ma）的淡色花岗岩主要是一些晚期未变形的、穿切围岩片麻理的淡色花岗岩脉体，走向近南北向。其中，该区的两个小型淡色花岗岩株也形成于这个阶段。

虽然在聂拉木剖面，已经获得了大量的淡色花岗岩的年龄数据（表 5-1），但是并没有太多关于它们的成因研究。特别是随着近些年来高分异成因的提出，为淡色花岗岩的研究开辟出了新思路，也促使我们重新思考淡色花岗岩与高喜马拉雅变质－深熔作用的联系。如果淡色花岗岩并非近原地侵位的低熔脉体，那么我们有必要对淡色花岗岩和淡色体做一区分。就上述年龄而言，哪些脉体代表的是深熔作用活动的时间？哪些实质上代表的是高分异花岗岩活动的时间？这需要我们在岩石成因上再下功夫。

表 5-1　聂拉木地区淡色花岗岩 U-(Th-)Pb 测年数据统计结果

样品号	岩石类型	位置	方法	年龄/Ma	参考文献
XGS-121	混合岩化花岗岩	STD 剪切带	独居石 U-Pb	16.8 ± 0.6	Schärer et al., 1986
T11N25	电气石淡色花岗岩	STD 剪切带	锆石 U-Pb	17.1 ± 0.2	Liu et al., 2012
T11N32	黑云母花岗岩	上部 GHC	独居石 Th-Pb	22.0 ± 0.3	Liu et al., 2012
T11N37	伟晶岩	上部 GHC	独居石 Th-Pb	27.4 ± 0.2	Liu et al., 2012
TYC-64	花岗岩	STD 剪切带	锆石 U-Pb	14.1 ± 0.7	Wang et al., 2013
T11N08	电气石淡色花岗岩	上部 GHC	独居石 Th-Pb	15.8 ± 0.2	Leloup et al., 2015
T11N10	伟晶岩	上部 GHC	锆石 U-Pb	19.0 ± 0.3	Leloup et al., 2015
T11N11	二云母淡色花岗岩	上部 GHC	独居石 Th-Pb	16.4 ± 0.1	Leloup et al., 2015
T11N29	电气石淡色花岗岩	STD 剪切带	独居石 Th-Pb	20.4–21.8	Leloup et al., 2015
T11N30	电气石淡色花岗岩	STD 剪切带	锆石 U-Pb	18.8 ± 0.3	Leloup et al., 2015
T11N33	二云母淡色花岗岩	上部 GHC	独居石 Th-Pb	15.6 ± 0.1	Leloup et al., 2015
T11N34	二云母淡色花岗岩	上部 GHC	独居石 Th-Pb	15.3 ± 0.1	Leloup et al., 2015
T11N38	黑云母花岗岩	上部 GHC	独居石 Th-Pb	17.2 ± 0.2	Leloup et al., 2015
T11N39	二云母淡色花岗岩	上部 GHC	独居石 Th-Pb	15.4 ± 0.2	Leloup et al., 2015
T11N41	伟晶岩	上部 GHC	独居石 Th-Pb	20.3 ± 0.3	Leloup et al., 2015
T11N42	二云母淡色花岗岩	上部 GHC	独居石 Th-Pb	16.5 ± 0.1	Leloup et al., 2015
T11N44	伟晶岩	上部 GHC	独居石 Th-Pb	22.4–24.0	Leloup et al., 2015
T11N45	黑云母花岗岩	上部 GHC	独居石 Th-Pb	16.8 ± 0.2	Leloup et al., 2015
T11N47	伟晶岩	上部 GHC	独居石 Th-Pb	22.8 ± 0.2	Leloup et al., 2015
T11N56	电气石花岗岩	上部 GHC	独居石 Th-Pb	17.5 ± 0.2	Leloup et al., 2015
NY26-2	花岗岩	STD 剪切带	锆石 U-Pb	27–25	Wang et al., 2016
NY27-1	花岗岩	STD 剪切带	锆石 U-Pb	23–22	Wang et al., 2016

5.2　高喜马拉雅断层体系

高喜马拉雅变质岩系的上部边界为藏南拆离系，下部边界为主中央逆冲断层，其内部存在近年来识别的构造变质不连续界面——高喜马拉雅逆冲断层。这些断层/剪切带与高喜马拉雅变质岩系的埋藏变质和折返过程紧密相关，是研究喜马拉雅造山过程的重要对象。

5.2.1 藏南拆离系

藏南拆离系为喜马拉雅造山带最重要的构造边界之一，位于高喜马拉雅变质岩系的顶部，其将低级变质的特提斯喜马拉雅岩系叠置于高级变质的高喜马拉雅变质岩系之上（Burchfiel and Royden, 1985; Burchfiel et al., 1992）。很多研究认为藏南拆离系与喜马拉雅山在达到最大高程后的伸展垮塌有关，代表着挤压环境下、平行造山带的伸展构造（Searle et al., 2003; Cottle et al., 2007; Leloup et al., 2010; Chambers et al., 2011; Xu et al., 2013），但是部分研究认为它也可能是一条被动顶板断层(Yin, 2006; Webb et al., 2007, 2011)。无论如何，藏南拆离系的运动学性质及活动时代研究，对于限定整个喜马拉雅的碰撞造山过程至关重要。藏南拆离系一般为一条几百米至几千米宽的剪切带，在运动学表现为上盘向北的低角度（<30°）下滑（Burchfiel et al., 1992; Hodges et al., 1992; Searle and Godin, 2003），剪切带中主要由糜棱化片麻岩、糜棱化淡色花岗岩和糜棱化长英质片麻岩组成。在一些研究实例中，众多研究者报道藏南拆离系剪切带中既有向北剪切的运动学特征，也发现了向南剪切的运动学组构(Hodges et al., 1992; Carosi et al., 1998; Searle et al., 2003; Zhang et al., 2012)。藏南拆离系的韧性剪切通常伴随着淡色花岗岩体的侵位，淡色花岗岩体的侵位时间主要发生于中新世(Harrison et al., 1995; Searle et al., 2003; Leloup et al., 2010; Chambers et al., 2011)。藏南拆离系的活动起始时间可能在始新世或渐新世（Zhang et al., 2012; La Roche et al., 2016），其活动时间一直持续至中新世中期（Kellte et al., 2010, 2012, 2013）。

中国科学家在藏南拆离系的发现和概念提出中做出了过重要的贡献。在喜马拉雅中部，地质学家早就鉴定出三套岩石组合，即高级变质的片麻岩系、中低级变质的泥质-钙质岩系和未变质/低级变质的石灰岩系。Gansser (1964) 认为，它们之间应该是连续的。而中国科学家的早期研究认为，它们彼此之间为不整合接触。在1966~1968年，中国科学院组织了珠穆朗玛峰地区的多学科考察。通过考察，常承法和郑锡澜（1973）撰文，明确提出上述两种认识都是不正确的，并提出片麻岩与上部的泥质-钙质岩系/石灰岩系之间为剪切断层接触，并提出该断层具低角度逆掩性质。潘裕生(1980)进一步阐述了上述思想，并提出上述三套岩石之间分别构成上断层和下断层。也有中国科学家虽然同意上述岩石之间存在断层，但不认为是逆断层，反而认为应该是滑脱形成的正断层 (张信宝, 1981)。继1980~1981年中法考察以后，Burg等 (1984) 提出，泥质-钙质岩系与石灰岩系之间为脆性正断层，而该断层之下以淡色花岗岩为主要组成部分的主中央逆冲断层之上岩系，发生过向北剪切的韧性正断层改造，并认为该正断层可能是喜马拉雅山重力垮塌的结果。Burchfiel 和 Royden (1985)提出，上述正断层和主中央逆冲断层构成一向南运动的楔形地壳块体，与碰撞后的中新世伸展垮塌有关。直到1992年，Burchfiel 等 (1992) 通过总结区域资料，最终才提出藏南拆离系的概念。

聂拉木剖面是奠定藏南拆离系研究的重要剖面。在聂拉木地区，藏南拆离系为 2~3 km 宽的韧性剪切带（图 5-6，Burchfiel et al., 1992; Liu et al., 2012; Wang et al., 2013）。其内岩石主要由强烈糜棱化的黑云母片麻岩、淡色花岗岩、片岩及钙质硅酸岩等组成。在藏南拆离系顶部，变质级别迅速从角闪岩相降为绿片岩相。剪切带中大多数岩层倾向北西—北北西，但线理呈低角度（6°~11°）倾向北东，被认为和平行造山带的伸展有关（Xu et al., 2013）。剪切带中的糜棱化白云母花岗岩中，S-C 组构和云母鱼均指示向北剪切，石英发育亚颗粒旋转动态重结晶结构。通过对剪切带内不同产状岩脉的锆石 U-Pb 定年结果显示，顺层同变形岩脉的最老年龄为 27~25 Ma，而穿层未变形岩脉的最老年龄为 17~15 Ma，聂拉木地区藏南拆离系的活动时代在 27~16 Ma（Wang et al., 2016）。

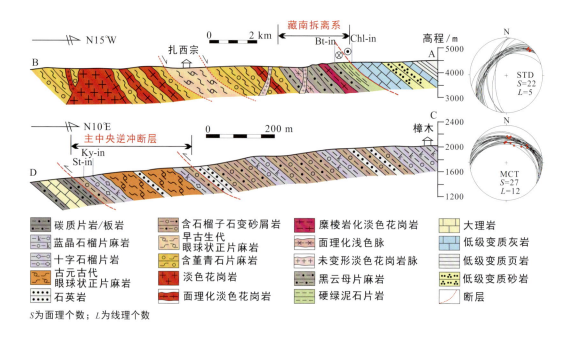

图 5-6　聂拉木地区藏南拆离系及主中央逆冲断层南北向剖面图（据 Wang et al., 2016 修改）

5.2.2　主中央逆冲断层

主中央逆冲断层是高喜马拉雅变质岩系的下部边界，是喜马拉雅挤压构造中最显著的构造界线，在印度-欧亚大陆碰撞过程中，主中央逆冲断层至少吸收了 140 km 以上的位移 (Schelling and Arita, 1991)，它将高级变质的高喜马拉雅变质岩系叠置于低级变质的小喜马拉雅岩系之上 (Schelling, 1992; Pearson and DeCelles, 2005; Yin, 2006; Kohn, 2008)，是研究高喜马拉雅变质岩系折返过程的重要对象。

主中央逆冲断层为一宽几百米至几千米的剪切带（Gansser, 1964; Le Fort, 1975; Arita, 1983），跨越主中央逆冲断层带，变质级别随着构造层次上升从绿片岩相迅速上升至角闪岩相，构成著名的反转变质带（Arita, 1983）。对于主中央逆冲断层的位置界定一直存在争议，这主要是因为高喜马拉雅和小喜马拉雅的大多数岩石均发育了强烈变形，运用构造地质学的手段可能会识别多条剪切带，而其他不同的学科方法如变质岩石学、地质年代学、地层学等可能无法得出统一的结论。在尼泊尔中部（安纳普尔纳峰—琅塘地区），Arita (1983) 将主中央逆冲断层识别为一条宽 2~3 km 的剪切带，其上边界命名为 MCT-II（图 5-1 中的 MCT），下边界命名为 MCT-I 或 Munsiari 逆冲断层（图 5-1 中的 MCT-I）。跨越上部的主中央逆冲断层也发现了碎屑锆石 U-Pb 年龄间断、全岩 Nd 同位素过渡带、约 100 ℃的峰期变质温度间断 (Martin et al., 2005; Kohn, 2008; Corrie and Kohn, 2011)，以及 5~15 Ma 的独居石峰期变质年龄间断 (Catlos et al., 2001; Kohn et al., 2004)。但是，Searle (2008) 认为上部的主中央逆冲断层位置缺乏强烈的应变带等构造证据，建议将主中央逆冲断层放置在石榴子石带的下部，即比前述 MCT-I 更往南。Searle (2008) 还批判了碎屑锆石和 Nd 同位素方法在识别中央逆冲断层位置中的作用，认为这些方法只能识别不同的原岩岩片。Yin (2006) 也认为主中央逆冲断层与地层意义上的高喜马拉雅变质岩系和小喜马拉雅岩系分界线并不总是一致的。

聂拉木剖面的主中央逆冲断层位于尼泊尔境内，与樟木口岸直线距离不到 1 km。其主体为约 400 m 宽的韧性剪切带，其内岩石主要为糜棱化的古元古代眼球状片麻岩、含十字石或蓝晶石的石榴石云母片岩或片麻岩、石英岩等（图 5-6, Schelling, 1992; Larson et al., 2013; Wang et al., 2015b, 2016）。岩层以中等角度（30°~50°）倾向北北东，线理以中等角度（25°~45°）向北至北东下滑。剪切带内的糜棱化正片麻岩发育 S-C 组构及钾长石残斑，均指示向南剪切。从北至南穿越主中央逆冲断层带，从高喜马拉雅变质岩系至小喜马拉雅岩系，变质级别逐渐降低，分别出现蓝晶石带、十字石带、石榴子石带、绿泥石带。上盘高喜马拉雅含蓝晶石云母片岩/片麻岩峰期变质年龄为约 19~16 Ma (Wang et al., 2015b)，而中央逆冲断层剪切带内含十字石云母片岩峰期变质年龄为 10~8 Ma (Larson et al., 2013)；聂拉木剖面主中央逆冲断层的活动时代应在上下盘变质岩片峰期变质时代之间（约 16~10 Ma）。

5.2.3 高喜马拉雅逆冲断层

高喜马拉雅逆冲断层（图 5-2）是近十多年来在广大喜马拉雅地质学家共同努力下陆续发现的多条构造变质不连续界面。该断层的发现表明高喜马拉雅变质岩系并非传统认为的单次折返、单一岩片，而是分多期次的。它对于理解碰撞造山带中高级变质岩石的折返过程、加厚山根的地壳结构和流变学性质至关重要。目前工作主要集中在尼泊尔全境、锡金和不丹地区的喜马拉雅狭长山谷中。从西至东，这些高喜马拉雅逆冲断层在各个喜马拉雅南北向剖面中分别被命名为（图 5-1）：Mangri Shear Zone (MSZ, Montomoli et al., 2013), Toijem Shear Zone (TSZ, Carosi et al., 2010), Chomrong Thrust (CT, Iaccarino et al., 2015), Sinuwa Thrust (ST, Corrie and Kohn, 2011), Langtang Thrust（郎唐逆冲断层，LT, Kohn et al., 2004), Nyalam Thrust（聂拉木逆冲断层，Wang et al., 2013, 2015a, 2016), High Himal Thrust (HHT, Goscombe et al., 2006; Imayama et al., 2012), Laya Thrust (Warren et al., 2011) 和 Kakhtang Thrust (Grujic et al., 1996, 2011; Hollister and Grujic, 2006)。

对于高喜马拉雅逆冲断层的研究还有很多工作值得去开展，去识别这些逆冲断层在空间展布上是否一致、是否可以在横向上延伸到广大喜马拉雅地区，在活动时代上是顺序式还是违序式的。高喜马拉雅变质岩片中可能存在多条次级构造界面，如果能够识别出活动时代一致、特征相似的大型逆冲断层，那将改写喜马拉雅的基本构造格局划分。目前研究表明，高喜马拉雅逆冲断层至少在尼泊尔全境内具有相似的构造变形、变质温压条件及地质年代学特征，可以构成一条延伸达约 800 km 的大型逆冲断层（图 5-1 和图 5-2，Montomoli et al., 2015; Wang et al., 2015a, 2016）：① 在岩石组合上，高喜马拉雅断层内部岩石主要由糜棱化的早古生代眼球状片麻岩和混合岩化副片麻岩组成，发育高温变形组构、向南剪切；② 上盘变质温度比下盘高 50~100 ℃；由于上盘岩片遭受高温变质叠加并普遍平衡于中压条件，目前得到的绝大多数上盘岩片变质压力并非峰期压力，因此上下盘压力条件区别还有待进一步研究；③ 上盘峰期变质年龄比下盘老 ~10 Ma（图 5-7a, b），其活动时代为 25~16 Ma，与藏南拆离系为近同时活动（27~16 Ma）而先于主中央逆冲断层活动（19~10 Ma）。在印度锡金邦喜马拉雅地区，前人发现的构造变质不连续界面为上盘年轻下盘较老（下盘 CLN 岩片约 31~27 Ma，上盘 TG 岩片约 26~23 Ma, Rubatto et al., 2013）; Mottram 等（2014）在 CLN 岩片下方识别出更年轻的岩片（约 23~18 Ma，图 5-7c），表明高喜马拉雅逆冲断层可以延伸到锡金地区。在不丹喜马拉雅地区识别的 Laya Thrust 和 Kakhtang Thrust 活动时代均晚于约 15 Ma（Warren et al., 2011），表现为上盘变质年龄较为年轻（15~13 Ma），下盘变质年龄较老（21~17 Ma，图 5-7d）；但是这些变质年龄究竟是冷却年龄还是峰期变质年龄还有争议，因为 Zeiger 等 (2015) 得出的熔体结晶时代与上述年龄相似，并且具有向南变年轻的趋势。因此，目前还不能确定高喜马拉雅逆冲断层究竟是否延伸到不丹地区。

在聂拉木地区，高喜马拉雅逆冲断层也被叫作聂拉木逆冲断层（Nyalam Thrust, Wang et al., 2013, 2015a）。聂拉木逆冲断层是高喜马拉雅逆冲断层在尼泊尔中部的重要组成部分，高喜马拉雅逆冲断层的活动时代及其与藏南拆离系、主中央逆冲断层的时间和空间关系主要基于聂拉木地区的研究而提出（Wang et al., 2013, 2015a, 2016）。在 1∶25 万区调图中，该逆冲断层被标识为一韧性剪切带，主要由糜棱岩化

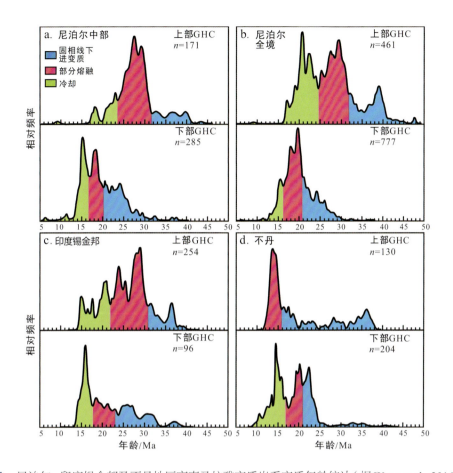

图 5-7　尼泊尔、印度锡金邦及不丹地区高喜马拉雅变质岩系变质年龄统计（据 Wang et al., 2016 修改）

的眼球状正片麻岩和混合岩化副片麻岩组成。剪切带内糜棱岩化正片麻岩中残斑显示向南剪切组构，部分岩石由于后期淡色花岗岩侵位而发生倒转；剪切带内混合岩化副片麻岩呈现一定程度的细粒化，但是由于高温重结晶作用，难以与其他高喜马拉雅副片麻岩相区分。在变质温压条件和变质时代上，该断层上下盘岩石具有明显差别：上部岩片变质温度较高（上盘约 740~780 ℃，下盘 660~700 ℃），峰期变质年龄较老（上盘 30~25 Ma，下盘 19~16 Ma），聂拉木逆冲断层的活动时代为 25~16 Ma。基于以上结果，Wang 等 (2015a) 提出了高喜马拉雅变质岩系的两阶段折返模型（图 5-8），并认为板底垫托作用（如临界楔）可能主导了主中央逆冲断层带和的低熔融程度的高喜马拉雅下部岩石折返；而下地壳流动（如隧道流）则主要贡献了高熔融程度的高喜马拉雅上部岩石的折返；当高熔融程度的混合岩化岩片冷却之后，其折返过程也主要由板底垫托作用控制。

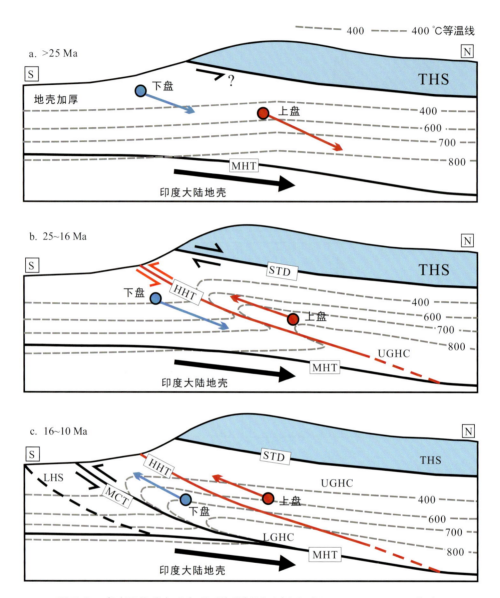

图 5-8 高喜马拉雅变质岩系两阶段折返示意图（据 Wang et al., 2015a 修改）

5.3 考察点

◉ 考察点 1（28°22′01.77″N, 86°00′58.64″E）：在聂拉木县以北，沿着河谷土路一直前行到最深处

该点为藏南拆离系韧性剪切带（图 5-9a~c），其中白云母淡色花岗岩岩席已强烈糜棱化，沿着走向可见本章描述的藏南拆离系中的各套岩石组成、变质级别骤降和强烈变形特征。

图 5-9 聂拉木地区藏南拆离系及高喜马拉雅顶部岩石组成、构造变形及岩脉穿切关系（据 Wang et al., 2013, 2016 修改）

● 考察点 2（28°21′47.6″N, 86°02′3.4″E）：在聂拉木县以北，河谷土路与 G318 国道交叉口

河对岸可见高喜马拉雅顶部的淡色花岗岩和伟晶岩（图 5-9d），路旁可见大量的浅色岩脉，岩性主要为淡色花岗岩和伟晶岩（图 5-9e~g）。

● **考察点 3（28°13′02.62″N，86°00′01.13″E）：聂拉木县城以北，G318 国道旁**

高喜马拉雅高熔融程度混合岩及部分岩石中的堇青石（图 5-10a,b）。

图 5-10　聂拉木地区高喜马拉雅混合岩部分熔融及矿物结构（据 Wang et al., 2013, 2015a 修改）
318 国道沿途可见大量图中所示部分熔融现象，遇见良好露头时可随意停车观察，不必拘泥于考察点 4~6 中给出的 GPS 点
Ky. 蓝晶石；Sil. 夕线石；Ms. 白云母；Kfs. 钾长石；Crd. 堇青石；Bt. 黑云母；Pl. 斜长石；Q. 石英；Grt. 石榴石；Tur. 电气石

● **考察点 4（28°12′03.31″N，85°59′21.17″E）：聂拉木县城以南，G318 国道旁**

高喜马拉雅高熔融程度混合岩及其中的夕线石、钾长石共生矿物组合（图 5-10c, d）。

考察点 5（27°58′8.39″N，85°58′2.97″E）：聂拉木县城以南，G318 国道旁

高喜马拉雅低熔融程度混合岩及其中的蓝晶石、白云母共生矿物组合（图 5-10f, g）

高喜马拉雅上部岩石中浅色体含量较高（15%~25%），形成了全熔混合岩化结构，熔融前的结构已不存在，并被流动构造所替代（图 5-10a~d）；部分熔融方式主要为白云母和黑云母脱水熔融。高喜马拉雅下部岩石大多具有典型的变熔混合岩化结构（图 5-10e, f），浅色体含量从小于 5% 至 10%~15% 不等，熔融前的结构被部分保留；部分熔融方式主要为饱和水固相线熔融和白云母脱水熔融。有一个问题供大家在野外考察时思考，即这些高级变质岩系中的淡色体就是我们常说的喜马拉雅淡色花岗岩吗？这是该区的重大基础地质问题。

考察点 6（28°10′47.34″N，85°58′57.84″E）：聂拉木县城以北，G318 国道旁

花岗质正片麻岩在喜马拉雅地区广泛分布，其原岩时代约为 510~470 Ma（Wang et al., 2012），经历了喜马拉雅期混合岩化作用，深熔时代为 33~18 Ma（Leloup et al., 2015; 杨雷博士论文）。野外多见其糜棱岩化，呈眼球状构造，眼球斑晶主要为钾长石和斜长石，其直径约 2~6 cm（图 5-11）。主要矿物组合为长石、石英、白云母以及少量黑云母、石榴子石和电气石，在地球化学上表现出高硅过铝低铁镁的特点。目前的研究认为，这套花岗岩可能是原特提斯洋沿冈瓦纳大陆北缘俯冲的安第斯型造山作用的产物（王晓先等，2016; Gao et al., 2019; Wang et al., 2012）。混合岩化正片麻岩的淡色体主要有原地囊状体和呈条带状互层产出的近原地浅色体。淡色体的矿物组合主要为钾长石、石英、斜长石

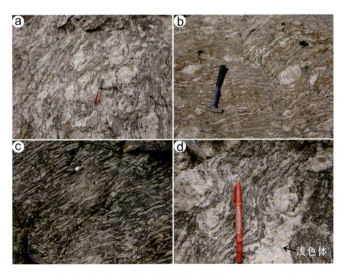

图 5-11 聂拉木正片麻岩中的眼球状构造及其中的淡色体

a. 正片麻岩中的眼球状长石斑晶； b. 正片麻岩中的眼球状长石斑晶； c. 正片麻岩中定向拉长的长石石英条带，可能为变质分异成因； d. 正片麻岩中的淡色体条带

和少量黑云母、石榴子石。

● 考察点7（选择性考察点）（27°56′47.8″N，85°57′1.5″E）：樟木以南（尼泊尔境内）

主中央逆冲断层带上下盘岩石及其中的花岗质糜棱岩（图 5-12a~e）。

图 5-12 樟木以南（尼泊尔境内）主中央逆冲断层剪切带及其附近岩石组合（据 Wang et al., 2016 修改）
a. 宏观图；b. 主中央逆冲断层下方小喜马拉雅碳质片岩 / 板岩；c~e. 主中央逆冲断层带内古元古代糜棱化正片麻岩
GHC. 高喜马拉雅变质岩系；LHS. 小喜马拉雅岩系；MCT. 主中央逆冲断层

珠峰绒布河谷剖面路线（可选路线）

珠峰绒布河谷剖面位于定日县扎西宗乡绒布寺附近（图 5-13）。这一河谷是珠峰北坡登顶的必经之路，而珠峰北坡的大本营即位于绒布寺南约 3 km 处。英国探险队于 1921 年尝试攀登珠峰期间，首次对该区域开展了地质调查工作，并绘制了该区域的地质图。我国对于珠峰地区曾开展过三次较大规模的地质科考活动，其中 1959~1960 年的考察以路线调查为主，对本区地层的分布、时代及序列、构造特征、变质作用和矿产资源取得了初步认识；1966~1968 年的考察建立了该区比较完整的地层剖面系统，对变质岩开展了同位素年代学测定，并在此基础上提出了青藏高原的构造演化模型；1974~1975 年由中国科学院组织的科考对该区域进行了详细的研究，取得的成果包括发现奥陶纪腕足类、三叶虫、海百合茎化石；恢复变质岩原岩；描述北坡的逆掩断层带，并探讨喜马拉雅山的隆起方式。Burchfiel 等（1992）在系统开展藏南拆离系研究中，珠峰北坡绒布寺河谷剖面即是所研究的喜马拉雅造山带六个剖面之一。Searle 研究团队于 1997~2003 年间在尼泊尔珠峰南坡和西藏珠峰北坡地区开展了详细的 1∶100000 地质填图工作，是近年来珠峰地区地质研究重要的参考资料（Searle et al., 2003）。下面简要介绍该区域的地层及岩石出露情况。

图 5-13　珠峰绒布河谷地质简图（a）、地质剖面示意图（b）及影像图（c, d）（a, b 修改自 Searle et al., 2003）

藏南拆离系在珠峰地区分为上下两个分支，其中上部为珠穆朗玛拆离断层，下部为洛子拆离断层，两条断层在绒布河谷汇聚为一条。珠穆朗玛拆离断层为脆性断层，由珠峰峰顶一直延伸至绒布河谷查雅山以北，倾角从峰顶的约10°的平缓角度变至查雅山近水平；洛子拆离断层为处于深层次的韧性剪切带，显示更为复杂的变形特征（Carosi et al., 1998; Searle, 1999）。珠峰地区出露的地层包含有高喜马拉雅结晶岩系、浅变质岩的肉切村群以及特提斯喜马拉雅沉积岩系，其中高喜马拉雅结晶岩系为绒布组，主要岩性为条带状混合岩、黑云母片麻岩、大理岩、黑云母片岩，该层内多岩席、岩脉状的花岗岩侵入体。洛子断层之上为北坳组和黄带层，为高喜马拉雅至特提斯喜马拉雅间过渡的浅变质岩系，其中北坳组主要岩性为黑云母石英片岩、黑云母钙质石英片岩、绿帘石石英片岩、石英大理岩和黑云母石英千枚岩。黄带层是一个非正式命名，主要岩性为互层的石英大理岩和石英千枚岩。位于珠穆朗玛断层之上的为特提斯喜马拉雅的珠峰组，该组全部为含白云质的结晶灰岩，并含有一定量的粉砂（图5-14）。

印度-欧亚板块碰撞造成的地壳加厚，导致珠峰地区高喜马拉雅上部岩石经历变质作用，峰期变质温度约为650℃，压力为5.5 kbar（Pognante and Benna, 1993; Jessup et al., 2008），变质过程中伴有深熔作用及混合岩形成，变质时间约39~16 Ma（图5-15a; Searle et al., 2003; Cottle et al., 2009; Waters et al., 2019）。根据折返的变质岩样品估算，高喜马拉雅在绒布河谷地区最快的折返速率达到3~4 mm/a（Schultz et al., 2017），在区域上藏南拆离系以约10°的倾角向北错动的水平距离为100 km（Searle et al., 2003）。

珠峰地区岩浆岩主要为与北坳组浅变质岩系密切相关的淡色花岗岩，虽然作为独立岩体产出的淡色花岗岩出露规模小，但是分布范围广，具体岩石类型包括二云母花岗岩、含石电气石白云母花岗岩、含石榴石白云母花岗岩以及少量的黑云母花岗岩。其中部分花岗岩发生变形，变形强烈的出现糜棱岩化，与STDS为同构造关系，这一厚度不等的变形花岗岩在绒布河谷北坳组之下稳定地出现，早期科考将其命名为"白云母花岗片麻岩"、"白云母片麻岩"、"白云母带"或"花岗糜棱岩"（应思淮，1974）；部分花岗岩显示出未变形或弱变形特征，并切穿地层和变形花岗岩岩脉（Murphy and Harrison, 1999; Cottle et al., 2015）。根据同位素年代学测定，这一区

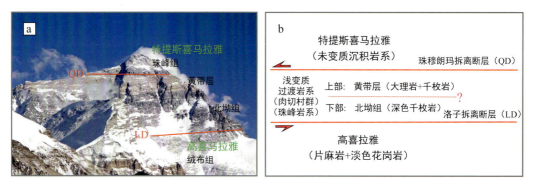

图5-14　珠峰北壁地层分布（a）及珠峰地区地层划分示意图（b）

域的淡色花岗岩结晶时代约 24~15 Ma，这些年龄可以大致分为两期，即 24~20 Ma 和 17~15 Ma（图 5-15b）。

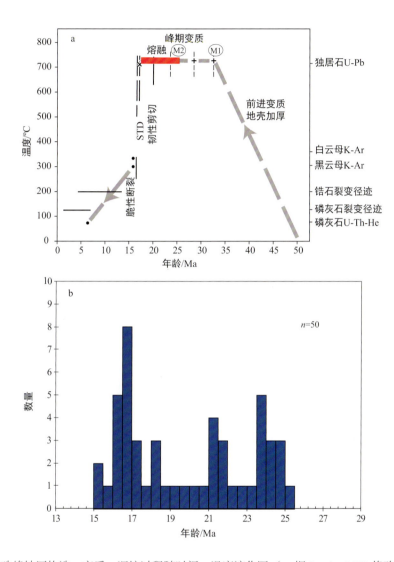

图 5-15　珠峰地区构造—变质—深熔过程随时间-温度演化图（a，据 Searle., 2003 修改）以及珠峰地区淡色花岗岩结晶年龄统计直方图（b，同位素数据据 Schärer et al., 1986; Murphy and Harrison 1999; Cottle et al., 2015）

◉ 考察点 8（28°8′29.88″N, 86°51′29.28″E）：珠峰大本营东前进沟剖面

糜棱岩化黑云母片岩，顺层侵位的强变形二云母花岗岩岩席，未变形电气石淡色花岗岩岩墙，这一观察点淡色花岗岩出露规模由下向上逐渐减少（图 5-16）。

图 5-16 前进沟沟口野外露头照片（a），顺层侵位的淡色花岗岩同地层发生强烈变形（b, c），糜棱岩化黑云母片岩（d），变形二云母花岗岩显微照片（e）及未变形电气石白云母淡色花岗岩显微照片（f）

Q. 石英；Ms. 白云母；Pl. 斜长石；Bt. 黑云母；Kfs. 钾长石；Tur. 电气石

⦿ 考察点 9（28°12′17.6″N, 86°49′43.6″E）：绒布寺东北秋哈拉沟剖面

强变形地层及淡色花岗岩侵入接触关系（图 5-17）。

⦿ 考察点 10（28°16′7.3″N, 86°48′33.0″E）：查雅山西北坡剖面

该剖面是绒布河谷观察藏南拆离系的最佳剖面，此处珠穆朗玛断层以及同洛子断层

已合并为一条，其上部为特提斯喜马拉雅珠峰组的结晶灰岩，过渡的浅变质岩系较薄（约70 m），由千枚状大理岩和黑云母石英片岩组成，下部为高喜马拉雅绒布组，由黑云母片岩，黑云母片麻岩以及侵入其中的淡色花岗岩岩席组成（图5-18）。

图 5-17　秋哈拉沟野外照片

a, b. 淡色花岗岩以岩墙状切穿地层和顺层的淡色花岗岩岩席；c. 强变形形成褶皱的黑云母片岩；d. 电气石淡色花岗岩侵入到黑云母片岩之中

图 5-18　查雅山西坡剖面野外照片

此处黄带层及北坳组层位薄，淡色花岗岩程岩席状侵入，规模较大，片麻理化明显

参 考 文 献

常承法, 郑锡澜, 1973. 中国西藏南部珠穆朗玛峰地区构造特征. 地质科学, 8 (1): 1-12.

潘裕生, 1980. 西藏的推覆构造及其地质意义. 地质科学, 15(1): 11-18.

王晓先, 张进江, 王佳敏, 2016. 喜马拉雅早古生代岩浆事件：以吉隆和聂拉木眼球状片麻岩为例. 地球科学进展, 31(4): 391-402.

杨雷, 2020. 喜马拉雅造山带深熔作用与淡色花岗岩成因关系研究. 北京：中国科学院大学博士学位论文

张信宝, 1981. 珠穆朗玛推覆体之怀疑. 地质论评, 27(1), 38-39.

Arita K, 1983. Origin of the inverted metamorphism of the lower Himalayas, Central Nepal. Tectonophysics, 95: 43-60.

Beaumont C, Jamieson R A, Nguyen M H, et al., 2001. Himalayan tectonics explained by extrusion of a low-viscosity crustal channel coupled to focused surface denudation. Nature, 414: 738-742.

Bollinger L, Henry P, Avouac J P, 2006. Mountain building in the Nepal Himalaya: Thermal and kinematic model. Earth and Planetary Science Letters, 244: 58-71.

Burchfiel B C, Royden L H, 1985. North-south extension within the convergent Himalayan region. Geology, 13: 679-682.

Burchfiel B C, Zhiliang C, Hodges K V, et al., 1992. The South Tibetan Detachment System, Himalayan Orogen: Extension Contemporaneous With and Parallel to Shortening in a Collisional Mountain Belt. Geological Society of America Special Papers, 269: 1-41.

Burg J P, Guiraud M, Chen G M, et al., 1984. Himalayan metamorphism and deformations in the North Himalayan Belt (southern Tibet, China). Earth and Planetary Science Letters, 69: 391-400.

Carosi R, Lombardo B, Molli G, et al., 1998. The south Tibetan detachment system in the Rongbuk valley, Everest region. Deformation features and geological implications. Journal of Asian Earth Sciences, 16: 299-311.

Carosi R, Montomoli C, Rubatto D, et al., 2010. Late Oligocene high-temperature shear zones in the core of the Higher Himalayan Crystallines (Lower Dolpo, western Nepal). Tectonics, 29: 9, TC 4029.

Catlos E J, Harrison T M, Kohn M J, et al., 2001. Geochronologic and thermobarometric constraints on the evolution of the Main Central Thrust, central Nepal Himalaya. Journal of Geophysical Research, 106: 16177.

Chambers J, Parrish R, Argles T, et al., 2011. A short-duration pulse of ductile normal shear on the outer South Tibetan detachment in Bhutan: Alternating channel flow and critical taper mechanics of the eastern Himalaya. Tectonics, 30: TC2005.

Corrie S L, Kohn M J, 2011. Metamorphic history of the central Himalaya, Annapurna region, Nepal, and implications for tectonic models. Geological Society of America Bulletin, 123: 1863-1879.

Corrie S L, Kohn M J, Vervoort J D, 2010. Young eclogite from the Greater Himalayan Sequence, Arun Valley, eastern Nepal: P-T-t path and tectonic implications. Earth and Planetary Science Letters, 289: 406-416.

Cottle J M, Jessup M J, Newell D L, et al., 2007. Structural insights into the early stages of exhumation along an orogen-scale detachment: The South Tibetan Detachment System, Dzakaa Chu section, Eastern Himalaya. Journal of Structural Geology, 29: 1781-1797.

Cottle J M, Searle M P, Horstwood M S A, et al., 2009. Timing of Midcrustal Metamorphism, Melting, and Deformation in the Mount Everest Region of Southern Tibet Revealed by U(-Th)-Pb Geochronology. Journal of Geology, 117(6): 643-664.

Cottle J M, Searle M P, Jessup M J, et al., 2015. Rongbuk re-visited: Geochronology of leucogranites in the footwall of the South Tibetan Detachment System, Everest Region, Southern Tibet. Lithos, 227(0): 94-106.

DeSigoyer J, Guillot S, Lardeaux J M, et al., 1997. Glaucophane-bearing eclogites in the Tso Morari dome (eastern Ladakh, NW Himalaya). European Journal of Mineralogy, 9: 1073-1083.

Gansser A, 1964. The geology of the Himalayas. New York: Wiley Interscience, 289.

Gao L E, Zeng L S, Hu G Y, et al., 2019. Early Paleozoic magmatism along the northern margin of East Gondwana. Lithos, 334 (335): 25-41.

Goscombe B, Gray D, Hand M, 2006. Crustal architecture of the Himalayan metamorphic front in eastern Nepal. Gondwana Research, 10: 232-255.

Groppo C, Lombardo B, Rolfo F, et al., 2007. Clockwise exhumation path of granulitized eclogites from the Ama Drime range (Eastern Himalayas). Journal of Metamorphic Geology, 25: 51-75.

Grujic D, Casey M, Davidson C, et al., 1996. Ductile extrusion of the Higher Himalayan Crystalline in Bhutan: Evidence from quartz microfabrics. Tectonophysics, 260: 21-43.

Grujic D, Warren C J, Wooden J L, 2011. Rapid synconvergent exhumation of Miocene-aged lower orogenic crust in the eastern Himalaya. Lithosphere, 3: 346-366.

Harrison T M, McKeegan K D, LeFort P, 1995. Detection of inherited monazite in the Manaslu leucogranite by 208Pb232Th ion microprobe dating: Crystallization age and tectonic implications. Earth and Planetary Science Letters, 133: 271-282.

Hodges K V, Parrish R R, Housh T B, et al., 1992. Simultaneous Miocene extension and shortening in the Himalayan orogen. Science, 258: 1466-1470.

Hollister L S, Grujic D, 2006. Pulsed channel flow in Bhutan. in: Law R D, Searle M P, Godin L (Eds). Channel Flow, Ductile Extrusion and Exhumation in Continental Collision Zones. Bath: Geological Society Publishing House.

Iaccarino S, Montomoli C, Carosi R, et al., 2015. Pressure-temperature-time-deformation path of kyanite-bearing migmatitic paragneiss in the Kali Gandaki valley (Central Nepal): Investigation of Late Eocene-Early Oligocene melting processes. Lithos, 231: 103-121.

Imayama T, Takeshita T, Yi K, et al., 2012. Two-stage partial melting and contrasting cooling history within the Higher Himalayan Crystalline Sequence in the far-eastern Nepal Himalaya. Lithos, 134-135: 1-22.

Jessup M, Cottle J, Searle M, et al., 2008. P-T-t-D paths of Everest Series schist, Nepal. Journal of Metamorphic Geology, 26(7): 717-739.

Kellett D A, Grujic D, 2012. New insight into the South Tibetan detachment system: Not a single progressive deformation. Tectonics, 31: TC2007.

Kellett D A, Grujic D, Coutand I, et al., 2013. The South Tibetan detachment system facilitates ultra rapid cooling of granulite-facies rocks in Sikkim Himalaya. Tectonics, 32: 252-270.

Kellett D A, Grujic D, Warren C, et al., 2010. Metamorphic history of a syn-convergent orogen-parallel detachment: The South Tibetan detachment system, Bhutan Himalaya. Journal of Metamorphic Geology, 28: 785-808.

Kohn M J, 2008. P-T-t data from central Nepal support critical taper and repudiate large-scale channel flow of the Greater Himalayan Sequence. Geological Society of America Bulletin, 120: 259-273.

Kohn M J, Wieland M S, Parkinson C D, et al., 2004. Miocene faulting at plate tectonic velocity in the Himalaya of central Nepal. Earth and Planetary Science Letters, 228: 299-310.

La Roche R S, Godin L, Cottle J M, et al., 2016. Direct shear fabric dating constrains early Oligocene onset of the South Tibetan detachment in the western Nepal Himalaya. Geology, 44: 403-406.

Larson K P, Gervais F, Kellett D A, 2013. A P-T-t-D discontinuity in east-central Nepal: Implications for the evolution of the Himalayan mid-crust. Lithos, 179: 275-292.

Le Fort P, 1975. Himalayas: The collided range. Present knowledge of the continental arc. American Journal of Science, 275: 1-44.

Leloup P H, Liu X, Mahéo G, et al., 2015. New constraints on the timing of partial melting and deformation along the Nyalam section (central Himalaya): Implications for extrusion models. Geological Society, London, Special Publications, 412: 131-175.

Leloup P H, Mahéo G, Arnaud N, et al., 2010. The South Tibet detachment shear zone in the Dinggye area Time constraints on extrusion models of the Himalayas. Earth and Planetary Science Letters, 292: 1-16.

Liu X, Liu X, Leloup P H, et al., 2012. Ductile deformation within Upper Himalaya Crystalline Sequence and geological implications, in Nyalam area, Southern Tibet. Chinese Science Bulletin, 57: 3469-3481.

Lombardo B, Rolfo F, 2000. Two contrasting eclogite types in the Himalayas: Implications for the Himalayan orogeny. Journal of Geodynamics, 30: 37-60.

Martin A J, DeCelles P G, Gehrels G E, et al., 2005. Isotopic and structural constraints on the location of the Main Central thrust in the Annapurna Range, central Nepal Himalaya. Geological Society of America Bulletin, 117: 926-944.

Montomoli C, Carosi R, Iaccarino S, 2015. Tectonometamorphic discontinuities in the Greater Himalayan Sequence: A local or a regional feature? Geological Society, London, Special Publications.

Montomoli C, Iaccarino S, Carosi R, et al., 2013. Tectonometamorphic discontinuities within the Greater Himalayan Sequence in Western Nepal (Central Himalaya): Insights on the exhumation of crystalline rocks. Tectonophysics, 608: 1349-1370.

Mottram C M, Warren C J, Regis D, et al., 2014. Developing an inverted Barrovian sequence; insights from monazite petrochronology. Earth and Planetary Science Letters, 403: 418-431.

Murphy M A, Harrison T M, 1999. Relationship between leucogranites and the Qomolangma detachment in the Rongbuk Valley, South Tibet. Geology, 27(9): 831-834.

Nelson K D, Zhao W, Brown L D, et al., 1996. Partially Molten Middle Crust Beneath Southern Tibet: Synthesis of Project INDEPTH Results. Science, 274:1684-1688.

O'Brien P J, Zotov N, Law R, et al., 2001. Coesite in Himalayan eclogite and implications for models of India-Asia collision. Geology, 29: 435-438.

Pearson O N, DeCelles P G, 2005. Structural geology and regional tectonic significance of the Ramgarh thrust, Himalayan fold-thrust belt of Nepal. Tectonics, 24(4): 1- 26.

Pognante U, Benna P, 1993. Metamorphic zonation, migmatization and leucogranites along the Everest transect of eastern Nepal and Tibet: Record of an exhumation history. Geological Society, London, Special Publications, 74(1): 323-340.

Rubatto D, Chakraborty S, Dasgupta S, 2013. Timescales of crustal melting in the Higher Himalayan Crystallines (Sikkim, Eastern Himalaya) inferred from trace element-constrained monazite and zircon chronology. Contributions to Mineralogy and Petrology, 165: 349-372.

Schärer U, Xu R H, Allègre C J, 1986. U(Th)Pb systematics and ages of Himalayan leucogranites, South Tibet. Earth and Planetary Science Letters, 77: 35-48.

Schelling D, 1992. The tectonostratigraphy and structure of the eastern Nepal Himalaya. Tectonics, 11: 925-943.

Schelling D, Arita K, 1991. Thrust tectonics, crustal shortening, and the structure of the far-eastern Nepal Himalaya. Tectonics, 10: 851-862.

Schultz M H, Hodges K V, Ehlers T A, et al., 2017. Thermochronologic constraints on the slip history of the South Tibetan detachment system in the Everest region, southern Tibet. Earth and Planetary Science Letters, 459: 105-117.

Searle M P, 1999. Emplacement of Himalayan leucogranites by magma injection along giant sill complexes: examples from the Cho Oyu, Gyachung Kang and Everest leucogranites (Nepal Himalaya). Journal of Asian Earth Sciences, 17(5-6): 773-783.

Searle M P, Godin L, 2003. The South Tibetan Detachment and the Manaslu Leucogranite: A structural reinterpretation and restoration of the Annapurna-Manaslu Himalaya, Nepal. Journal of Geology, 111: 505-523.

Searle M P, Law R D, Godin L, et al., 2008. Defining the Himalayan Main Central Thrust in Nepal. Journal of the Geological Society, 165: 523-534.

Searle M P, Simpson R L, Law R D, et al., 2003. The structural geometry, metamorphic and magmatic evolution of the Everest massif, High Himalaya of Nepal-South Tibet. Journal of the Geological Society, 160: 345-366.

Wang J M, Rubatto D, Zhang J J, 2015a. Timing of Partial Melting and Cooling across the Greater Himalayan Crystalline Complex (Nyalam, Central Himalaya): In-sequence Thrusting and its Implications. Journal of Petrology, 56: 1677-1702.

Wang J M, Zhang J J, Liu K, et al., 2016. Spatial and temporal evolution of tectonometamorphic discontinuities in the central Himalaya: Constraints from P–T paths and geochronology. Tectonophysics, 679: 41-60.

Wang J M, Zhang J J, Wang X X, 2013. Structural kinematics, metamorphic P-T profiles and zircon geochronology across the Greater Himalayan Crystalline Complex in south-central Tibet: Implication for a revised channel flow. Journal of Metamorphic Geology, 31: 607-628.

Wang J, Zhang J, Wei C, et al., 2015b. Characterising the metamorphic discontinuity across the Main Central Thrust Zone of eastern-central Nepal. Journal of Asian Earth Sciences, 101: 83-100.

Wang X, Zhang J, Santosh M, et al., 2012. Andean-type orogeny in the Himalayas of south Tibet: Implications for early Paleozoic tectonics along the Indian margin of Gondwana. Lithos, 154: 248-262.

Wang Y, Zhang L, Zhang J, et al., 2017. The youngest eclogite in central Himalaya: P-T path, U-Pb zircon age and its tectonic implication. Gondwana Research, 41: 188-206.

Warren C J, Grujic D, Kellett D A, et al., 2011. Probing the depths of the India-Asia collision: U-Th-Pb monazite chronology of granulites from NW Bhutan. Tectonics, 30: TC2004.

Waters D J, Law R D, Searle M P, et al., 2019. Structural and thermal evolution of the South Tibetan Detachment shear zone in the Mt Everest region, from the 1933 sample collection of L. R. Wager. Geological Society, London, Special Publications, 478(1): 335-372.

Webb A A G, Schmitt A K, He D, et al., 2011. Structural and geochronological evidence for the leading edge of the Greater Himalayan Crystalline complex in the central Nepal Himalaya. Earth and Planetary Science Letters, 304: 483-495.

Webb A A G, Yin A, Harrison T M, et al., 2007. The leading edge of the Greater Himalayan Crystalline complex revealed in the NW Indian Himalaya: Implications for the evolution of the Himalayan orogen. Geology, 35: 955-958.

Xu Z, Wang Q, Pêcher A, et al., 2013. Orogen-parallel ductile extension and extrusion of the Greater Himalaya in the late Oligocene and Miocene. Tectonics, 32: 191-215.

Yin A, 2006. Cenozoic tectonic evolution of the Himalayan orogen as constrained by along-strike variation of structural geometry, exhumation history, and foreland sedimentation. Earth-Science Reviews, 76: 1-131.

Zeiger K, Gordon S M, Long S P, et al., 2015. Timing and conditions of metamorphism and melt crystallization in Greater Himalayan rocks, eastern and central Bhutan: insight from U-Pb zircon and monazite geochronology and trace-element analyses. Contributions to Mineralogy and Petrology, 169: 47.

Zhang J, Santosh M, Wang X, et al., 2012. Tectonics of the northern Himalaya since the India-Asia collision. Gondwana Research, 21: 939-960.

印度－亚洲大陆碰撞带野外地质考察指南

第6章　日喀则—白朗县—江孜县（蛇绿岩）

刘传周　张　畅　刘　通

6.1 雅鲁藏布蛇绿岩概述

雅鲁藏布蛇绿岩（亦称雅江蛇绿岩）出露于青藏高原最南端的缝合带——雅鲁藏布江缝合带中（图6-1），通常认为该缝合带是北部欧亚大陆与南部印度大陆之间的构造边界。蛇绿岩是其中最重要的岩石组合，代表了已经俯冲消失的新特提斯洋的残留，因此是用来恢复新特提斯洋演化最为关键的直接证据之一。雅江蛇绿岩带是我国规模最大的蛇绿岩带之一，在国际上的知名度也最高。迄今为止，国内外学者针对该蛇绿岩的形成环境、构造就位以及古板块的重建等一系列科学问题进行了系统的研究（常承法和郑锡澜，1973；Aitchison et al., 2000；Ding et al., 2005；Hébert et al., 2012；Liu et al., 2012；Liu et al., 2010；Liu et al., 2014；Nicolas et al., 1981）。然而，和国际上一些著名的蛇绿岩相比，如塞浦路斯Troodos、阿曼Semail和加拿大的岛湾（Bay of Island）蛇绿岩，雅鲁藏布蛇绿岩在研究的广度和深度上，都与他们无法相提并论，从而导致在国际蛇绿岩的研究中，雅鲁藏布蛇绿岩的学术地位显得无足轻重［请参阅吴福元等（2014）的综述文章］。

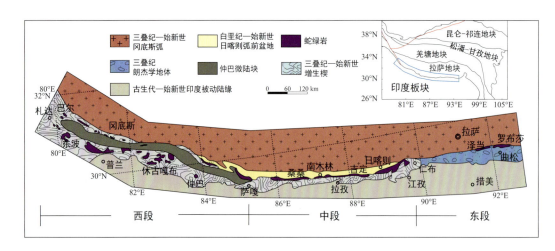

图 6-1　雅鲁藏布蛇绿岩分布图

首次提出雅鲁藏布蛇绿岩这一概念的中国人是常承法和郑锡澜 (1973)。当时正值板块构造引入中国，因此二人可谓是中国在板块构造研究方面的先驱。但实际上，第一个提出雅鲁藏布蛇绿岩的学者是瑞士的地质学家 Gansser，在其 1939 年的考察报告中就命名了拉昂错附近的 Jungbwa 橄榄岩，并提出该带向东沿着雅江分布，代表的是板块缝合线。值得一提的是，这个结论是在板块构造理论正式提出之前发表的，其所具有的前瞻性可见一斑。

在雅江蛇绿岩的研究历史中，比较有影响的工作包括 1979 年美国板块构造代表团和 20 世纪 80 年代的中法联合科考，而其中最有影响力的成果是 Nicolas 等发表在 Nature 上的一篇文章。文章主要通过野外地质观察，讨论了雅江蛇绿岩的特殊性，总结了日喀则蛇绿岩的 6 个主要特点：① 镁铁质洋壳端元中缺乏深成侵入岩，局部出现堆晶岩；② 辉绿岩常常作为岩席出现，取代经典剖面中的岩墙；③ 洋壳端元厚度不大；④ 橄榄岩中常常被大量的辉绿岩岩席侵入；⑤ 橄榄岩中的单斜辉石多为铬透辉石；⑥ 橄榄岩内部低温塑性剪切变形不发育。文章还认为该蛇绿岩没有受到后期的构造肢解，基本上保持了形成时的结构和层序，可以代表一个完整的蛇绿岩剖面 (Nicolas et al., 1981)，这与美国学者得出的雅江蛇绿岩曾被肢解的认识有所不同。但当时的研究者普遍都认为雅江蛇绿岩形成于慢速扩张洋脊的环境中。

最近，雅鲁藏布蛇绿岩又引起了国内外学者的注意。中国地质科学院杨经绥研究员在罗布莎等蛇绿岩中发现了金刚石 (Yang et al., 2007)。实际上，迄今为止研究者已经在雅江蛇绿岩带的 6 个剖面的地幔橄榄岩中发现了金刚石等特殊矿物（罗布莎、泽当、日喀则、当穷、普兰和东波；Yang et al., 2014）。金刚石等超高压矿物的发现，可以促进和扩展对地球深部的认识，也对蛇绿岩成因的研究起到了极大的推进作用。但是对于金刚石成因的研究，还存在很大的争议。部分学者认为这些超高压矿物产自地幔深部，通过地幔柱上升到地表 (Yang et al., 2014)。也有部分学者持不同的观点，认为蛇绿岩和超高压矿物是洋壳俯冲到深部，经历高压－超高压变质作用的结果 (Zhou et al., 2014)。但无论如何，对金刚石等超高压矿物的成因进行深入研究与探讨，无疑具有非常重要的意义。此外，罗布莎还是我国重要的铬铁矿床。实际上，我国的铬铁矿 95% 依赖进口，而在仅有的国内供给的 5% 中，有 95% 来自罗布莎，因此我们迫切希望能够在雅鲁藏布蛇绿岩带中再发现一个"罗布莎"。

经过近 40 年的研究积累，众多学者获得了大量的雅鲁藏布蛇绿岩野外地质和地球化学等方面的资料，涉及的最主要的科学问题有两个，一是蛇绿岩的形成时间，二是蛇绿岩形成时所处的构造环境。尽管在早期的研究中，尤其是针对东段的罗布莎和泽当蛇绿岩，获得了一些比较老的年龄，在此基础上得出雅江蛇绿岩"东老西新"的时空格局（钟立峰等，2006; 周肃等，2001）。但近年来在东段的研究工作表明，这两个蛇绿岩的形成时代依然是 120~130 Ma（Xiong et al., 2016; Zhang et al., 2016a）。因此，从阿里地区的巴尔蛇绿岩到东段的罗布莎蛇绿岩，形成年龄都被限定在一个很小的范围内，变化不超过 10 Ma（表 6-1 和图 6-2）。但是，已有的研究表明，新特提斯洋在三叠纪（约 250 Ma）时就已经打开（Garzanti et al., 1999; Pullen et al., 2008），持续演化到到大约 55 Ma，才由于亚洲－印度的碰撞而消失。这就为我们提出一个问题，为什么在东西延伸近 3000 km 的长度范围内，仅仅保存了时代范围如此狭窄的大洋岩石圈？这是我们在构筑蛇绿岩形成环境以及恢复新特提斯洋演化历史时必须考虑和回答的问题之一。而关于雅江蛇绿岩的形成环境，则更是百花齐放、百家争鸣，但归根结底，依然是洋中脊（MOR）和俯冲带（SSZ）之争。如前所述，早期的研究倾向于认为该蛇绿岩形成于大洋中脊（Girardeau et al., 1985; Nicolas et al., 1981），而随着地球化学方法引入雅江蛇绿岩的研究中，越来越多的学者支持俯冲带模式（Aitchison et al., 2000; Hébert et al., 2003）。目前比较流行的形成模式包括弧后盆地（Hébert et al., 2012）、初始俯冲弧前盆地（Dai et al., 2013; Maffione et al., 2015)以及板片后撤弧前拉张（Butler and Beaumont, 2017; Xiong et al., 2016）等模式。这些模式在建立的时候都只关注了一部分地质事实，比如弧后盆地模式的主要证据是在众多剖面的地幔橄榄岩之下发育变质底板（metamorphic sole），而变质底板的形成需要板片自身处于高温的状态，结合其地球化学特点，提出弧后出现新的扩张中心也不足为奇。但是该模式无法解释为何至今在蛇绿岩的南侧没有岛弧的痕迹，也无法满足整条带的年龄一致性。再比如板片后撤引起的弧前拉张模式，主要证据是橄榄岩的地球化学特征以及冈底斯弧在 130~120 Ma 出现间歇期的间接证据。板片后撤会引起岛弧岩浆作用发生相应的迁移，类似于中国东部的花岗岩（Yang et al., 2012），但在冈底斯弧中并没有类似的现象报道。至于时下最流行的初始俯冲模型（在此要纠正一个概念，初始俯冲的弧前，应当是在时间上先于岛弧的形成，而非空间上，所以对应的英文不是 fore-arc，而应是 pre-arc 或者 proto-arc），并不能解释在 130 Ma 之前出现的冈底斯弧（Hou et al., 2015; Ji et al., 2009），也不能解释为何整条雅江带统一在 125 Ma 开始发生俯冲，而且至今也没有在雅江带发现玻安岩的痕迹。实际上，在支持俯冲带成因模型的研究中，提到的最为核心的证据还是来自于所谓的岛弧痕迹的地球化学特征。然而，目前的研究表明，即使在现在大洋的洋中脊中，也可以出现具有"岛弧特征"的岩石，比如北智利洋脊（North Chile Ridge, Bach et al., 1996b; Klein and Karsten, 1995）。Taitao 蛇绿岩是被公认的洋脊蛇绿岩，其熔岩也具有 SSZ 的痕迹 (Le Moigne et al., 1996）。如何解释这些矛盾，或者说如何耦合这些不一致的现象或者特点呢？目前主要有三种解释，第一种是源区高程度部分熔融造成（Bach et al., 1996a; Johnson et al., 1995）；第二种是晚期卷入了俯冲带，受到了俯冲带强烈的改造作用（Klein and Karsten, 1995）；第三种就是源区本身所具有的特点，蚀变的亏损橄榄岩作为源区，再次发生部分熔融，从而导致这些 SSZ 型岩浆的产生（Bach et al., 1996b; Liu et al., 2014）。而拆离断层为这些橄榄岩在抬升之前发生蚀变提供了海水或者热液的通道。Liu 等 (2014) 对普兰橄榄岩中的辉长苏长岩进行了详细的研究，确立了拆离断层在其中所起到的关键作用。

表 6-1 雅鲁藏布蛇绿岩年龄数据汇总

位置	编号	岩石类型	定年方法	年龄/Ma	文献来源
罗布莎	A1	辉绿辉长岩	全岩及矿物 Sm-Nd	177 ± 31	周肃等，2001
罗布莎	A2	辉绿岩	锆石 SHRIMP U-Pb	162.9 ± 2.8	钟立峰等，2006
罗布莎	A3	辉长岩脉	锆石 LA-ICPMS U-Pb	148.4 ± 4.5	Chan et al., 2015
罗布莎	A4	辉长岩脉	锆石 LA-ICPMS U-Pb	149.9 ± 2.2	Chan et al., 2015
罗布莎	A5	辉长岩脉	锆石 SIMS U-Pb	128.4 ± 0.9	Zhang et al., 2016a
罗布莎	A6	斜长角闪岩	锆石 SIMS U-Pb	131.0 ± 1.2	Zhang et al., 2016a
罗布莎	A7	斜长角闪岩	榍石 LA-ICPMS	131.5 ± 6.9	Zhang et al., 2016a
罗布莎	A8	斜长角闪岩	榍石 LA-ICPMS	131.3 ± 3.3	Zhang et al., 2016a
罗布莎	A9	斜长角闪岩	榍石 LA-ICPMS	133.9 ± 3.1	Zhang et al., 2016a
泽当	B1	安山岩	角闪石 $^{40}Ar/^{39}Ar$	127.9 ± 0.3	McDermid et al., 2002
泽当	B2	玄武岩	锆石 SHRIMP U-Pb	154.9 ± 2.0	刘维亮等，2013
泽当	B3	异剥钙榴岩	锆石 SIMS U-Pb	131.5 ± 1.1	张亮亮，2014
泽当	B4	异剥钙榴岩	锆石 SIMS U-Pb	130.3 ± 1.2	张亮亮，2014
泽当	B5	辉长岩脉	锆石 SIMS U-Pb	131.7 ± 0.9	张亮亮，2014
泽当	B6	斜长花岗岩	锆石 SIMS U-Pb	137.8 ± 1.0	张亮亮，2014
泽当	B7	辉绿岩脉	锆石 LA-ICPMS U-Pb	130 ± 1	Xiong et al., 2016
泽当	B8	辉绿岩脉	锆石 LA-ICPMS U-Pb	128 ± 2	Xiong et al., 2016
大竹区	C1	石英闪长岩	锆石 SHRIMP U-Pb	126 ± 2	Malpas et al., 2003
大竹区	C2	辉绿岩	锆石 LA-ICPMS U-Pb	126.1 ± 1.3	Dai et al., 2013
大竹区	C3	橄长岩	锆石 SIMS U-Pb	124.4 ± 1.3	Liu et al., 2016
大竹区	C4	层状辉长岩	锆石 SIMS U-Pb	126.2 ± 1.0	Liu et al., 2016
大竹区	C5	层状淡色辉长岩	锆石 SIMS U-Pb	127.6 ± 1.0	Liu et al., 2016
大竹区	C6	均质辉长岩	锆石 SIMS U-Pb	124.2 ± 1.3	Liu et al., 2016
大竹区	C7	异剥钙榴岩	锆石 SIMS U-Pb	125.9 ± 1.2	Liu et al., 2016

续表

位置	编号	岩石类型	定年方法	年龄/Ma	文献来源
白朗	D1	斜长角闪岩	角闪石 $^{40}Ar/^{39}Ar$	123.3 ± 3.1	Guilmette et al., 2009
白朗	D2	斜长角闪岩	角闪石 $^{40}Ar/^{39}Ar$	127.4 ± 2.4	Guilmette et al., 2009
彭仓	E1	异剥钙榴岩	锆石 SIMS U-Pb	126.6 ± 1.8	Zhang et al., 2016b
彭仓	E2	异剥钙榴岩	锆石 SIMS U-Pb	130.5 ± 1.3	Zhang et al., 2016b
彭仓	E3	斜长花岗岩	锆石 SIMS U-Pb	129.8 ± 1.5	Zhang et al., 2016b
德吉	F1	石英闪长岩	锆石 LA-ICPMS U-Pb	123.3 ± 1.5	Dai et al., 2013
德吉	F2	辉绿岩脉	锆石 LA-ICPMS U-Pb	124.9 ± 1.1	Dai et al., 2013
德吉	F3	席状辉绿岩脉	锆石 LA-ICPMS U-Pb	126.5 ± 4.7	Dai et al., 2013
德吉	F4	伟晶辉长岩	锆石 SIMS U-Pb	126.0 ± 1.3	Zhang et al., 2016b
德吉	F5	辉长岩脉	锆石 SIMS U-Pb	124.8 ± 1.3	Zhang et al., 2016b
德吉	F6	斜长花岗岩	锆石 SIMS U-Pb	125.1 ± 1.5	Zhang et al., 2016b
德吉	F7	斜长花岗岩	锆石 SIMS U-Pb	127.2 ± 1.0	Zhang et al., 2016b
群让	G1	辉长岩	锆石 SHRIMP U-Pb	125.6 ± 0.9	李建峰等，2009
夏鲁	H1	异剥钙榴岩	锆石 SIMS U-Pb	125.6 ± 0.8	Liu et al., 2016
冲堆	H2	辉长岩膜	锆石 SIMS U-Pb	129.1 ± 1.2	Liu et al., 2016
日喀则	I1	基性岩	锆石 U-Pb 等时线	120 ± 10	Göpel et al., 1984
日喀则	I2	辉长岩	锆石 SIMS U-Pb	128.2 ± 1.2	张畅，2017
日喀则	I3	辉长岩	锆石 SIMS U-Pb	128.0 ± 0.9	张畅，2017
日喀则	I4	辉长岩	锆石 SIMS U-Pb	130.2 ± 1.0	张畅，2017
日喀则	I5	变形辉长岩	锆石 SIMS U-Pb	123.7 ± 0.9	张畅，2017
日喀则	I6	辉长岩脉	锆石 SIMS U-Pb	131.7 ± 0.9	张畅，2017
日喀则	I7	辉长岩膜	锆石 SIMS U-Pb	125.5 ± 1.5	张畅，2017
日喀则	I8	辉长岩膜	锆石 SIMS U-Pb	124.9 ± 1.3	张畅，2017
吉定	J1	辉长岩	锆石 SHRIMP U-Pb	128 ± 2	王冉等，2006

续表

位置	编号	岩石类型	定年方法	年龄 /Ma	文献来源
吉定	J2	辉长岩脉	锆石 LA-ICPMS U-Pb	127.1 ± 3.5	Dai et al., 2013
吉定	J3	辉绿岩脉	锆石 LA-ICPMS U-Pb	128.5 ± 1.0	Bao et al., 2013
吉定	J4	粗粒辉长岩	锆石 LA-ICPMS U-Pb	131.8 ± 1.3	Chan et al., 2015
吉定	J5	均质辉长岩	锆石 SIMS U-Pb	125.6 ± 1.7	Liu et al., 2016
吉定	J6	层状辉长岩	锆石 SIMS U-Pb	125.6 ± 1.6	Liu et al., 2016
桑桑	K1	辉绿岩岩墙	锆石 SHRIMP U-Pb	125.2 ± 3.4	夏斌等，2008
仲巴	L1	辉绿岩	锆石 SIMS U-Pb	125.7 ± 0.9	Dai et al., 2012
当穷	M1	辉长岩	锆石 TIMS	126.7 ± 0.5	Chan et al., 2015
当穷	M2	辉长岩	锆石 TIMS	123.4 ± 1.0	Chan et al., 2015
休古嘎布	N1	辉长辉绿岩	全岩及矿物 Sm-Nd	126.2 ± 9.1	徐德明等，2008
休古嘎布	N2	辉绿岩墙	锆石 SHRIMP U-Pb	122.3 ± 2.5	Xia et al., 2011
普兰	O1	辉长岩	锆石 LA-ICPMS U-Pb	130 ± 3	刘钊等，2011
普兰	O2	辉绿岩岩墙	锆石 SHRIMP U-Pb	120.2 ± 2.3	李建峰等，2008
普兰	O3	拉斑玄武岩	全岩 Sm-Nd	147 ± 25	Miller et al., 2003
普兰	O4	拉斑玄武岩	角闪石 $^{40}Ar/^{39}Ar$	152 ± 33	Miller et al., 2003
普兰	O5	辉长岩	锆石 TIMS	123.8 ± 1.1	Chan et al., 2015
普兰	O6	辉长岩	锆石 TIMS	123.4 ± 1.1	Chan et al., 2015
普兰	O7	辉绿岩	锆石 SHRIMP U-Pb	118.8 ± 1.8	Xia et al., 2011
普兰	O8	辉绿岩	锆石 SHRIMP U-Pb	120.5 ± 1.9	Xia et al., 2011
东波	P1	辉长岩	锆石 LA-ICPMS U-Pb	128 ± 1.1	熊发挥等，2011
东波	P2	辉石岩	锆石 LA-ICPMS U-Pb	130 ± 0.5	熊发挥等，2011
巴尔	Q1	辉绿岩	锆石 LA-ICPMS U-Pb	125.6 ± 2.4	Zheng et al., 2017
巴尔	Q2	辉绿岩	锆石 LA-ICPMS U-Pb	126.3 ± 2.4	Zheng et al., 2017
巴尔	Q3	角闪辉长岩	锆石 SHRIMP U-Pb	128.1 ± 2.1	刘飞等，2015

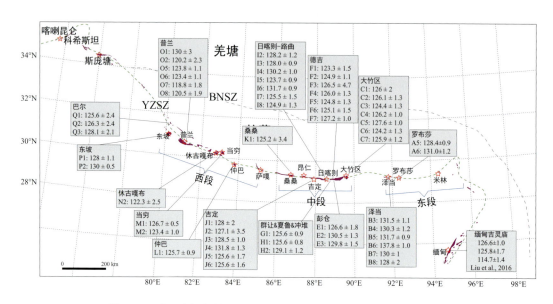

图 6-2　雅江蛇绿岩锆石 U-Pb 年龄 (单位：Ma; 文献来源同表 6-1)

6.2　日喀则蛇绿岩

　　日喀则蛇绿岩位于雅鲁藏布江缝合带的中段，经典的剖面包括萨嘎、桑桑、拉孜、吉定、剖面、路曲、德吉和大竹区等。作为雅江蛇绿岩中段的代表，日喀则蛇绿岩的研究时间最长，研究程度最高。该蛇绿岩出露的岩石种类齐全，从底部的混杂岩到上部的硅质岩均有出露，为验证弧前蛇绿岩是否存在提供了绝佳的研究对象。在日喀则蛇绿岩的北侧，出露有完整的日喀则弧前盆地沉积，作为盆地的基底，弧前蛇绿岩就这样被推上了雅鲁藏布新特提斯洋的演化历史中。然而，就位于弧前的位置，并不能表明或者证明其形成的构造环境是弧前。因此，日喀则蛇绿岩成因和形成环境的研究不仅关系到新特提斯洋的演化等科学问题，还可以对板块构造中有关蛇绿岩的成因等核心问题提供制约。具体说来，日喀则蛇绿岩研究所涉及的关键科学问题是：从区域演化角度看，由蛇绿岩所制约的雅鲁藏布新特提斯洋是何时打开的，又是何时开始向亚洲大陆下俯冲，最终又在何时消亡的？从蛇绿岩本身的角度来看，蛇绿岩能否代表大洋岩石圈？对于后者，下面 3 个问题值得我们在蛇绿岩研究中给予足够的关注：蛇绿岩组合的多样性与扩张速率的关系、洋壳与大洋岩石圈地幔的成因联系、MOR 和 SSZ 蛇绿岩问题。在此给出我们对这些问题的态度：① 该蛇绿岩所代表的扩张中心在形成时，处于慢速，甚至超慢速的扩张背景，是全球洋盆慢速扩张的代表，因此可将其命名为日喀则型蛇绿岩。它的形成是通过海底拆离断层而完成的，未来应加强对这些蛇绿岩的构造学研究，以确认是否存在推测的拆离断层和海洋核杂岩。② 蛇绿岩形成过程中，洋壳与大洋岩石圈地幔可能并不同源，即大洋岩石圈地幔并不一定是地幔熔融后的残留。对于本区蛇绿岩中的地幔橄榄岩，其成因包括大洋岩石圈地幔、大陆岩石圈地幔、岛弧岩石圈地幔等，甚至可能还有别的原因。③ 该蛇绿岩形成于 MOR 的背景中，而不是目前绝大多数学者所认为的 SSZ 背景。蛇绿岩形成时与俯冲带的关系，可能仅仅限于洋脊在早白垩世的时候恰好迁移到了海沟的位置。

最近，中国科学院地质与地球物理研究所张畅和刘通分别以该蛇绿岩的路曲剖面以及大竹区和吉定剖面为研究对象，完成了他们的博士学位论文（2017 年）。Liu 等（2016）通过对日喀则蛇绿岩中零星分布的堆晶岩剖面进行的详细年代学工作，提出蛇绿岩在形成之时，经历过快速抬升阶段，进而认为伸展拆离断层在当时的大洋扩张中起到了关键作用。Maffione 等（2015）通过磁组构的约束，也得出了该蛇绿岩发育在快速伸展的弧前背景中的认识。但二者的区别依然在于，区域构造背景是洋中脊环境还是俯冲带环境。Zhang 等（2017）通过对路曲剖面橄榄岩进行的岩石学和地球化学等方面的研究，认为该地幔橄榄岩可以作为超亏损的地幔端元，其形成过程可能经历了无水体系下的至少两阶段部分熔融，起始熔融深度应该在石榴子石相。这就暗示了该地幔橄榄岩在构成蛇绿岩的岩石圈之前，可能已经经历了不同程度的熔融过程，这一点与我们观察到的剖面中熔岩具有的高场强元素负异常（尤其是较低的 Nb/La 值）这一特点也是一致的（Bach et al., 1996b）。

6.3 新特提斯洋演化历史

基于最近几年我们针对日喀则蛇绿岩进行的相关研究工作，可以简单恢复出雅鲁藏布新特提斯洋的构造演化历史。

大约在 210 Ma 之前，已经完成扩张的新特提斯洋开始步入俯冲消亡的阶段（图 6-3a）。210~130 Ma 时，随着俯冲作用的持续进行，北翼的岩石圈几乎完全俯冲消失，此时洋中脊的位置十分靠近活动大陆边缘（图 6-3b）。俯冲板片在拉萨地体之下脱水，导致冈底斯弧岩浆岩产生，但此时的冈底斯并未发生抬升剥蚀。在 130~120 Ma 时（图 6-3c），靠近陆缘的洋中脊，由于具有正地形和较低密度，或者因已俯冲板块的形状（slab flexure）等，俯冲受阻。另外，此时的洋中脊已经到了衰亡的阶段，无法产生足够的岩浆来弥补大洋的扩张以及受俯冲板片拖拽产生的强烈伸展作用，因此会在大洋岩石圈中发育拆离断层，上涌的软流圈发生小部分的减压熔融，形成小规模的辉长岩以及辉绿岩岩席等（Liu et al., 2016）。此时冈底斯弧的活动也发生了暂停，在 130~120 Ma 时形成了一个无火山活动的间隔（Hou et al., 2015）。大约在 120 Ma 之后，南侧印度板块持续向北推进，强大的推力导致洋脊南侧重新形成一条俯冲带，但两条俯冲带的地理位置几乎是重合的。之后，当俯冲板片再次作用在地幔楔之时，冈底斯弧继续活动（图 6-3d），与此同时，冈底斯开始隆起抬升（丁林和来庆洲，2003），遭受剥蚀，剥蚀下来的物质就沉积在未俯冲下去的洋脊岩石圈之上，形成了弧前复理石沉积序列（日喀则群），因此在雅鲁藏布蛇绿岩之上，即日喀则群的底部，火山凝灰岩的锆石年龄为 119 Ma 左右（Wang et al., 2017）。随着大洋南翼的持续俯冲消亡，印度板块和欧亚大陆的距离越来越近，并最终在 60~50 Ma 发生碰撞。此碰撞时间也

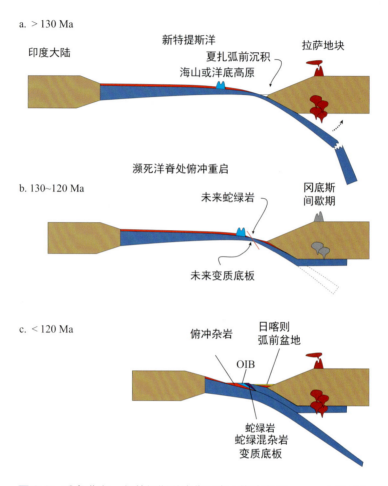

图 6-3 雅鲁藏布－新特提斯洋演化历史（修改自 Zhang et al.,2019）

被目前发现的许多证据证明，比如古地磁和沉积记录等（Hu et al., 2016; Wu et al., 2014）。而蛇绿岩也在此时发生二次就位，仰冲到印度大陆被动陆缘之上（Ding et al., 2005）。

同世界上最经典蛇绿岩之一——阿尔卑斯蛇绿岩相比，如果说阿尔卑斯蛇绿岩代表的是一个大洋刚刚形成的婴儿时期，那么雅江蛇绿岩最大的研究意义在于其可以作为进入衰亡时期（不等同于俯冲消亡）的老年大洋，残留在大陆上的掠影。何其壮哉！

6.4 考察点

本次考察的对象是日喀则蛇绿岩中最重要的剖面之一——路曲剖面（图 6-4 和图 6-5）。该剖面位于日喀则市以南约 10 km 处，交通十分便利。路曲剖面全长 8 km，出露有完整的岩石单元，从南往北（从下往上）依次包括底部的混杂岩、蛇纹岩、新鲜橄榄岩、壳幔混杂带、辉绿岩岩床群以及上部的枕状熔岩和硅质岩；具有日喀则蛇绿岩非常典型的地质特征，比如地幔橄榄岩厚度可达 6 km 以上，而地壳厚度非常薄，通常小于 2 km。在路曲剖面，最值得关注的特点是新鲜橄榄岩的出露以及两套镁铁质岩石的出露。

此外，我们还将对日喀则蛇绿岩中经典的辉绿岩岩席（冲堆剖面），枕状熔岩（白朗附近）以及典型的堆晶岩（吉定剖面）进行考察（图6-4）。

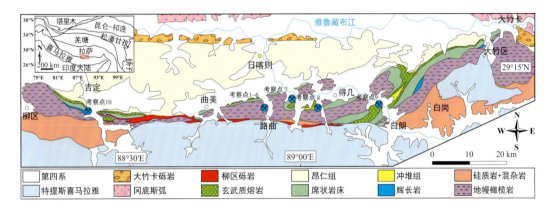

图 6-4　雅江缝合带中段日喀则蛇绿岩地质简图及相关考察点

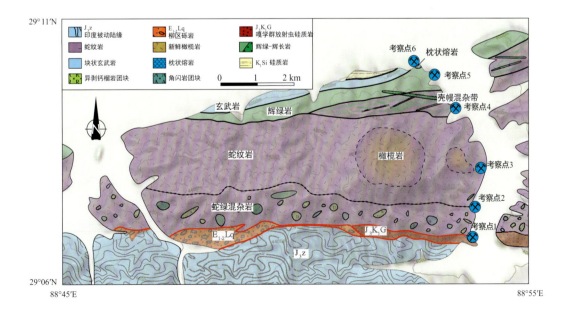

图 6-5　路曲蛇绿岩地质简图及其相关考察点

考察点 1（29°06.937′N, 88°53.920′E）：J_3-K_1嘎学群硅质岩与蛇绿岩界限

该点位于路曲蛇绿岩剖面的最南端，在层位上属于蛇绿岩的下部。蛇绿岩混杂岩与嘎学群紫红色放射虫硅质岩呈断层接触（图 6-6a），断层面向南陡倾，近于直立，混杂岩位于硅质岩之上。界限南侧的嘎学群硅质岩，呈条带状，褶皱发育，变形强烈（图 6-6b）。岩石中含有大量的放射虫，其年龄大概约束在晚侏罗世—早白垩世（J_3–K_1）。北侧为蛇绿混杂岩，一般认为其代表了蛇绿岩向南逆冲推覆就位时留下的痕迹（王希斌等，1984）。由于受到构造挤压作用的影响，混杂岩内的岩石较为破碎（图 6-6c），具有典型的 block-in-matrix 的结构；基质蛇纹岩强烈破碎且具有明显的变形特征；其中的岩块规模不一，分布杂乱，岩性包括辉长岩、辉绿岩、玄武岩以及异剥钙榴岩。有一些橄榄岩或者蛇纹石化橄榄岩作为岩块，包裹在基质蛇纹岩中。

图 6-6　J_3-K_1嘎学群硅质岩与蛇绿混杂岩的界限（a），硅质岩（b）与蛇绿混杂岩（c）

考察点 2 (29°07.674′N, 88°54.200′E)：蛇绿混杂岩和蛇纹石化橄榄岩

路曲剖面主体岩性都是橄榄岩，包括蛇纹岩和蛇纹石化的橄榄岩，以及剖面中心位置的新鲜橄榄岩。在蛇绿岩的剖面中，属于莫霍面以下的地幔橄榄岩部分。

该考察点位于蛇绿岩混杂岩与蛇纹石化橄榄岩的界限位置，可以代表地幔橄榄岩起始的部位。蛇绿岩混杂岩中可以观察到侵入其中的变形辉长岩，部分岩石的长石变形强烈，甚至出现糜棱结构。变形辉长岩与周围未变形的辉长岩具有一致的年龄（约124~130 Ma），目前最可能的解释是这些辉长岩是在洋底拆离断层活动期间侵位形成（李源等，2016）。混杂岩往北，可以明显观察到其中的岩块越来越少，蛇纹岩越来越"干净"，最终过渡到蛇纹石化橄榄岩。岩石整体颜色呈黑色或者墨绿色（图6-7b），其中橄榄石几乎全部发生蛇纹石化，斜方辉石也已经绢石化。部分露头可见面理化的橄榄岩，面理走向为近东西向。在蛇纹石化橄榄岩中，出现异剥钙榴岩或异剥钙榴岩化的辉长岩，发生石香肠化，指示其受到了构造挤压剪切作用（图6-6a）。

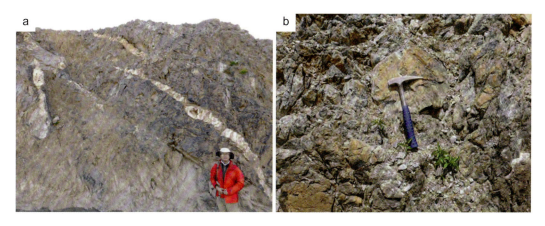

图6-7 混杂岩中的异剥钙榴岩（a）和蛇纹石化橄榄岩（b）

考察点 3 (29°08.435′N, 88°54.408′E)：新鲜橄榄岩

路曲剖面是日喀则蛇绿岩中为数不多的具有新鲜橄榄岩的剖面之一。新鲜橄榄岩位于剖面的中心位置。远远观之，其处于蛇纹岩之上，由于风化作用，岩石的表面呈土黄色（图6-8a），与墨绿色的蛇纹岩可以明显区别。岩石类型以方辉橄榄岩为主（图6-8b），二辉橄榄岩非常少，还有一些纯橄岩。新鲜橄榄岩变形及变质程度较低，结构通常以原生粒状或者自形－半自形粒状结构为主（图6-8c）。橄榄石变形、碎裂严重，部分被拉长，并伴有波状消光或肯克带。斜方辉石以半自形粒状结构为主，也有残余结构。熔融残余单斜辉石呈溶蚀港湾状，含量较少；部分岩石中可见到次生的单斜辉石，颗粒细小，出现在斜方辉石斑晶周围。

在新鲜橄榄岩中可以观察到多类型、多期次脉体的侵入（图6-8e）。这些脉体包括纯橄岩、二辉石岩、斜方辉石岩以及辉长岩等。纯橄岩通常呈脉状或者不规则的囊状体，产出于方辉橄榄岩中（图6-8d），岩石学和地球化学特征均表明其熔岩反应成因（图6-9）。岩石中主要包括橄榄石（90%以上）和斜方辉石（少于10%），以及零星分布的尖晶石和单斜辉石。尖晶石分为熔岩反应形成的自形尖晶石（通常和单斜辉石伴生）和熔融残余的他形尖晶石（通常呈港湾状）。电子探针分析表明，自形尖晶石的$Cr^{\#}$（最高可达70）明显高于他形尖晶石（通常低于60）。

地球化学特征上，方辉橄榄岩具有亏损到超亏损的特征，单斜辉石稀土元素含量表明其经历了不同程度的部分熔融，并且后期受到了熔岩反应的影响。Sm/Yb – Yb图显示橄榄岩经历了至少两阶段的部分熔融过程，起始熔融深度在石榴子石相（图6-10），并且熔融发生在无水体系（图6-9b）。因此可以推测，此处橄榄岩在形成蛇绿岩的岩石圈地幔之前就经历过部分熔融 (Zhang et al., 2017)。

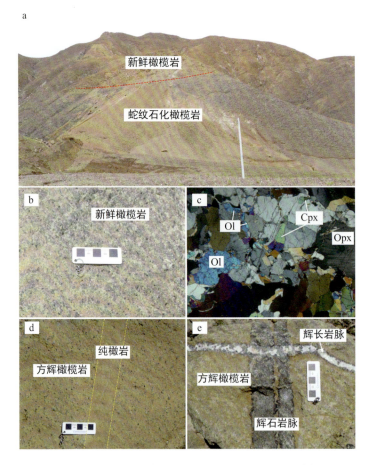

图 6-8　路曲新鲜地幔橄榄岩野外照片和岩相学特征
a. 新鲜橄榄岩与蛇纹石化橄榄岩接触关系；b. 橄榄岩新鲜面；c. 方辉橄榄岩镜下结构；d. 脉状纯橄岩产于方辉橄榄岩中；e. 多期次脉体侵入橄榄岩
Ol. 橄榄石；Opx. 斜方辉石；Cpx. 单斜辉石

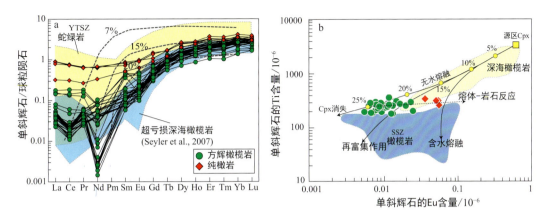

图 6-9 路曲橄榄岩单斜辉石稀土元素配分型式（a）及 Ti-Eu 图解（b）

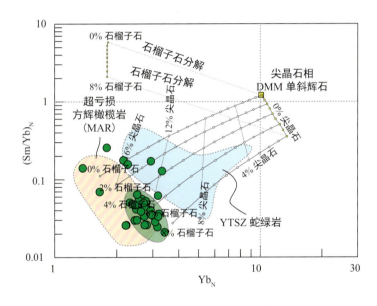

图 6-10 路曲方辉橄榄岩单斜辉石（Sm/Yb）$_N$/Yb$_N$（指示橄榄岩经历石榴子石相部分熔融）

● 考察点 4（29°09.398′N, 88°53.655′E）：壳幔过渡带

考察点位于剖面北侧，在蛇绿岩中属于洋壳和地幔过渡的位置，即莫霍面。与经典的蛇绿岩相比，路曲剖面的壳幔混杂带缺少堆晶成因的岩石，仅仅表现为辉绿岩和辉长岩侵入蛇纹石化橄榄岩中（图 6-11a），并且往北（层位向上），基性岩明显增多，而蛇纹岩主要以"隔膜"的形式夹持于岩脉（岩床）之间。在部分辉绿岩岩脉之间还可见到辉长岩的膜（septa），通常解释为辉绿岩在上升侵位的过程中，将底部岩浆汇集区顶部的辉长岩携带上来形成的。对该处的辉长岩脉和膜进行的年代学工作表明，其形成年龄同样在早白垩世（125~132 Ma），不仅与南侧混杂岩中的（变形或者未变形）辉长岩

年龄一致，还与整个雅江蛇绿岩带（甚至向东延伸到缅甸境内吉灵庙蛇绿岩）的年龄都是统一的。延伸如此之长的蛇绿岩带所具有的同时性，在现代大洋中也只有延伸上万千米的洋中脊可以满足这一点 (Müller et al., 2008)，并且只有在洋脊的两侧，年龄才会是一致的。

图 6-11　路曲壳幔混生带野外照片和其中辉绿岩的岩相学特征
a. 壳幔混生带中辉绿岩侵入橄榄岩；b. 辉绿岩岩床群，具有单向冷凝边；c，d. 辉绿岩的镜下照片，分别为单偏光和正交偏光

◉ 考察点 5 (29°10.041′N, 88°53.241′E)：辉绿岩岩床群

辉绿岩岩床群位于蛇绿岩的上部，火山岩之下，由一系列平行的脉构成，取代了经典剖面中的席状岩墙群。由于这些岩脉的产状为走向均在 70° 左右，与橄榄岩中面理的走向一致，故称为岩床 (Nicolas et al., 1981)。在部分岩脉的边部，可见到冷凝边（图 6-11b）。岩石具有典型的辉绿结构，但是蚀变非常严重，辉石多发生角闪石化，而斜长石完全被黝帘石和绿泥石取代（图 6-11c，d）。

◉ 考察点 6 (29°10.195′N, 88°52.924′E)：枕状熔岩

枕状熔岩属于蛇绿岩最上部的火山岩，位于路曲剖面最北侧的沟口处。此处玄武岩的岩枕较小，并且风化破碎强烈，大多只能看到枕状结构的痕迹（图 6-12a）。岩枕的边部发生细碧角斑岩化，而内部相对较新鲜。镜下可见后期充填的杏仁体（图 6-12b，c）。

对剖面中的辉绿岩和熔岩进行了系统的地球化学工作，分析结果表明，其与日喀则蛇绿岩其他剖面的镁铁质岩石的成分都是一致的。微量元素上呈现出与 N-MORB 类似的成分特征（比如轻稀土亏损，中重稀土平坦）；Nd-Hf 同位素也显示均一且亏损的特点，表明其源区来自于类似软流圈的亏损地幔，在形成过程中并没有俯冲带来源的物质加入

图 6-12　枕状熔岩的野外（a）和镜下照片（b 和 c 分别为单偏光和正交偏光）

（图6-13）。而微量元素中所显示的俯冲印记（如较高的La/Nb比值），可能是多阶段部分熔融造成的源区特征（Bach et al., 1996b），这与橄榄岩得出的结论是一致的（Zhang et al., 2017）。

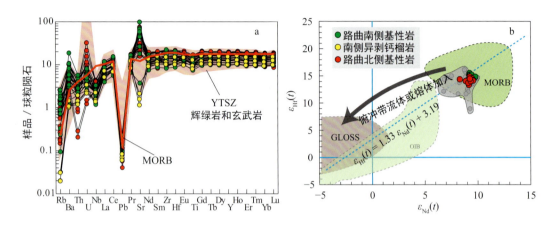

图6-13　路曲枕状熔岩及辉绿岩的地球化学（a）和同位素（b）特征

● 考察点7 (29°09.625′N, 88°59.616′E)：冲堆岩床（墙）群

此点位于S204省道（日喀则市－白朗县）沿线上的冲堆村附近，是日喀则蛇绿岩中最经典的席状岩床群剖面。由著名英国地质学家I. G. Gass在1980年的"青藏高原国际科学讨论会"会后考察时发现并提出。中法合作考察期间，有学者认为应属于岩床群（王希斌等，1984），但均没有更详细的研究结果报道。

野外可以观察到数条近乎平行的岩脉，大部分岩脉具有单向冷凝边，也有部分具有双向冷凝边（图6-14 a 和 b）。野外产状与路曲剖面类似，走向近东西，与橄榄岩的叶理方向基本一致，所以应该称为岩床或者岩席。在部分岩脉之间，也可观察到填充有粗粒的辉长岩膜。

● 考察点8 (29°09.322′N, 89°02.703′E)：弧前盆地冲堆剖面

此考察点是冲堆组的命名剖面。该剖面岩石地层单位可分为两部分，分别是下部紫红色硅质岩和上部由互层砂岩和页岩组成的浊积岩。在下部硅质岩的底部，可见玄武质角砾岩不连续分布其中（图6-14c）。此外，在该剖面中，还可见数层火山凝灰岩夹层（图6-14d; Dai et al., 2015; Huang et al., 2015）。上部地层相当于昂仁组，具有与昂仁组类似的碎屑锆石组成（An et al., 2014)，代表弧前盆地沉积作用（详见第3章）。

最新的研究表明，冲堆组最下层的凝灰岩年龄为119 Ma，往上逐渐年轻（Wang et

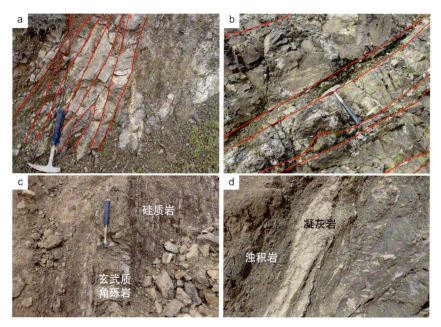

图 6-14　冲堆辉绿岩岩床群（a）及冷凝边（b），冲堆组底部硅质岩中的玄武质角砾岩（c）及浊积岩中的火山凝灰岩（d）

al., 2017）。蛇绿岩的年龄在 125 Ma 左右，二者之间存在一个明显的沉积间断，而且冲堆组底部的玄武质角砾岩也证明了这个结论。这表明，在日喀则弧前盆地沉积之时，作为盆地基底的蛇绿岩已经就位到活动大陆边缘。

◉ 考察点 9 (29°09.160′N, 89°14.408′E)：白朗枕状熔岩

该点位于白朗县城以北约 5 km 处的 S204 省道旁，出露有典型的枕状熔岩（图 6-15），可以观察到非常完整的岩枕。新鲜岩石呈灰黑色、灰紫色，表面风化成灰绿色。辉石和斜长石颗粒相对比较细，含有方解石杏仁体（李文霞等，2012）。

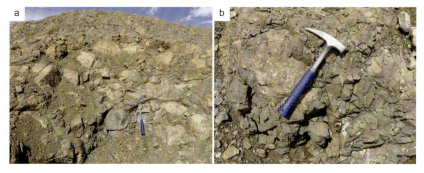

图 6-15　白朗地区枕状熔岩（a）和辉绿岩（b）

白朗枕状玄武岩以玄武岩和玄武安山岩为主（图 6-16a），具有与 N-MORB 类似的稀土元素配分型式，明显富集大离子亲石元素（图 6-16b），可能与后期流体参与蚀变有关。

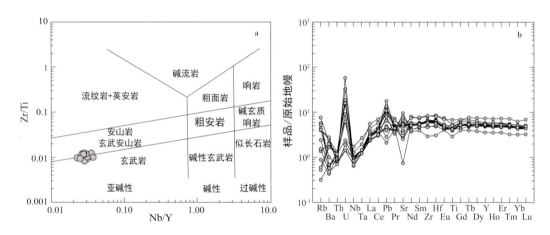

图 6-16　白朗地区枕状熔岩的主量元素特征（a）与微量元素特征（b）（李文霞等，2012）

● 考察点 10 (29°07.980′N, 88°22.110′E)：吉定堆晶岩

日喀则蛇绿岩中的堆晶岩规模较小，仅在大竹区、白岗和吉定三个地区发育几百米厚的堆晶岩剖面（图 6-17）。虽然堆晶岩在白岗地区厚度最大（~800 m），但其露头较差、剖面也不连续。而吉定地区的堆晶岩露头更好、剖面连续并且交通便利，无疑是绝佳的考察点。吉定堆晶岩最早发现于 20 世纪 80 年代中法合作期间（王希斌等，1987），位于日喀则市吉定镇帕定村（原名也弄村）西侧（图 6-17），距离日喀则市中心约 60 km。该堆晶岩剖面沿北西－南东向呈透镜状产出，厚度约为 350 m，与南侧的地幔橄榄岩和北侧的席状岩床均为构造接触（图 6-17，图 6-18a）。岩石类型以层状辉长岩（layered gabbro）为主，亦含少量橄榄辉长岩和均质辉长岩（isotropic gabbro）（图 6-18b~f）。辉长岩发育明显的堆晶层理，并且普遍被不同厚度的辉绿岩脉穿切（图 6-17，图 6-18c~e）。矿物化学研究显示，吉定辉长岩的单斜辉石具有较低的 $Mg^{\#}$ 值（77~84），是典型的玄武质岩浆经历低压分离结晶的产物（Liu et al., 2018）。另外，吉定辉长岩的全岩和单斜辉石微量元素均具有球粒陨石质组成（图 6-19），暗示岩浆经历了较高程度的演化，与该区缺乏橄榄岩等较为原始的岩浆产物一致。以吉定堆晶岩为代表，日喀则蛇绿岩堆晶岩研究的核心问题是：与岩浆房的关系、与洋脊扩张速率的关系以及不同地区堆晶岩差异性的原因。简而言之，日喀则蛇绿岩中仅在少数地区发育堆晶岩，而其他地区熔体供应量极小，不发育堆晶岩。这一特征与现今大洋慢速扩张脊较为类似，指示了日喀则蛇绿岩形成的特殊的构造环境。

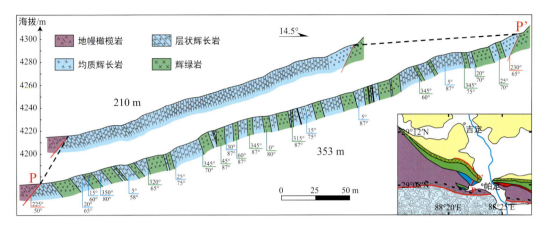

图 6-17 吉定堆晶岩实测剖面（据刘通等未发表数据）
辉长岩被大量辉绿岩脉穿切，辉长岩的实际厚度仅为 210 m

图 6-18 吉定堆晶岩的野外产出状态（Liu et al., 2016）

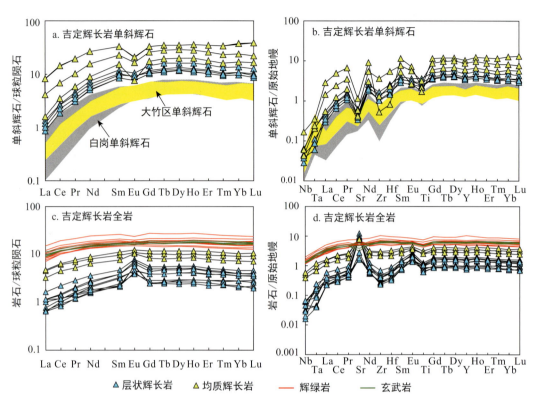

图 6-19 吉定辉长岩单斜辉石（a，b）和全岩（c，d）微量元素组成（吉定、大竹区和白岗数据均来自 Liu et al., 2018）

参 考 文 献

常承法, 郑锡澜, 1973. 中国西藏南部珠穆朗玛峰地区构造特征. 地质科学, 8(1): 1-12.

丁林, 来庆洲, 2003. 冈底斯地壳碰撞前增厚及隆升的地质证据: 岛弧拼贴对青藏高原隆升及扩展历史的制约. 科学通报, 48(8): 836-842.

李建峰, 夏斌, 刘立文, 等, 2008. 西藏普兰地区拉昂错蛇绿岩中辉绿岩的锆石 SHRIMP U-Pb 年龄及其地质意义. 地质通报, 10: 1739-1743.

李建峰, 夏斌, 刘立文, 等, 2009. 西藏群让蛇绿岩辉长岩 SHRIMP 锆石 U-Pb 年龄及地质意义. 大地构造与成矿学, 2: 294-298.

李文霞, 赵志丹, 朱弟成, 等, 2012. 西藏雅鲁藏布蛇绿岩形成构造环境的地球化学鉴别. 岩石学报, 28(5): 1663-1673.

李源, 李瑞保, 董天赐, 等, 2016. 日喀则蛇绿岩白马让岩体的穹窿形结构及构造意义. 科学通报, 61(25):2823.

刘飞, 杨经绥, 连东洋, 等, 2015. 西藏雅鲁藏布江缝合带西段南北亚带蛇绿岩的成因探讨. 岩石学报, 31(12): 3609-3628.

刘维亮, 夏斌, 刘鸿飞, 等, 2013. 西藏泽当蛇绿岩玄武岩 SHRIMP 锆石 U-Pb 年龄及其地质意义. 地质通报, 32(9): 1356-1361.

刘钊, 李源, 熊发挥, 等, 2011. 西藏西部普兰蛇绿岩中的 MOR 型辉长岩: 岩石学和年代学. 岩石学报, 27(11): 3269-3279.

王冉, 夏斌, 周国庆, 等, 2006. 西藏吉定蛇绿岩中辉长岩 SHRIMP 锆石 U-Pb 年龄. 科学通报, 1: 114-117.

王希斌, 鲍佩声, 邓万明, 等, 1987. 西藏蛇绿岩. 北京: 地质出版社, 24-29.

王希斌, 曹佑功, 郑海翔, 等, 1984. 西藏雅鲁藏布江(中段)蛇绿岩组合层序及特提斯洋壳演化的模式, 中法喜马拉雅考察成果. 北京: 地质出版社.

吴福元, 刘传周, 张亮亮, 等, 2014. 雅鲁藏布蛇绿岩——事实与臆想. 岩石学报, 2: 293-325.

夏斌, 李建峰, 刘立文, 等, 2008. 西藏桑桑蛇绿岩辉绿岩 SHRIMP 锆石 U-Pb 年龄: 对特提斯洋盆发育的年代学制约. 地球化学, 4: 399-403.

熊发挥, 杨经绥, 梁凤华, 等, 2011. 西藏雅鲁藏布江缝合带西段东波蛇绿岩中锆石 U-Pb 定年及地质意义. 岩石学报, 11: 3223-3238.

徐德明, 黄圭成, 雷义均, 2008. 西藏西南部休古嘎布蛇绿岩的 Sm-Nd 年龄及 Nd-Sr-Pb 同位素特征. 中国地质, 3: 429-435.

张畅, 2017. 西藏雅鲁藏布蛇绿岩成因新解—近缘末期洋脊与壳幔不同源性. 北京: 中国科学院大学博士学位论文.

张亮亮, 2014. 藏南泽当蛇绿岩时代与成因. 北京: 中国科学院大学博士学位论文.

钟立峰, 夏斌, 周国庆, 等, 2006. 藏南罗布莎蛇绿岩辉绿岩中锆石 SHRIMP 测年. 地质论评, 2: 224-229.

周肃, 莫宣学, Mahoney J J, 等, 2001. 西藏罗布莎蛇绿岩中辉长辉绿岩 Sm-Nd 定年及 Pb, Nd 同位素特征. 科学通报, 16: 1387-1390.

Aitchison J C, Badengzhu, Davis A M, et al., 2000. Remnants of a Cretaceous intra-oceanic subduction system within the Yarlung-Zangbo suture (southern Tibet). Earth and Planetary Science Letters, 183(1-2): 231-244.

An W, Hu X M, Garzanti E, et al., 2014. Xigaze forearc basin revisited (South Tibet): Provenance changes and origin of the Xigaze Ophiolite. Geological Society of America Bulletin, 126(11-12): 1595-1613.

Bach W, Erzinger J, Alt J C, et al., 1996a. Chemistry of the lower sheeted dike complex, ODP Hole 504B, Leg 148: The influence of magmatic differentiation and hydrothermal alteration. Proc. ODP Sci. Results, 148.

Bach W, Erzinger J, Dosso L, et al., 1996b. Unusually large Nb-Ta depletions in North Chile ridge basalts at 36°50′to 38°56′S: major element, trace element, and isotopic data. Earth and Planetary Science Letters, 142(1-2): 223-240.

Bao P, Su L, Wang J, et al., 2013. Study on the tectonic setting for the ophiolites in Xigaze, Tibet. Acta Geologica Sinica - English Edition, 87(2): 395-425.

Butler J P, Beaumont, C, 2017. Subduction zone decoupling/retreat modeling explains south Tibet (Xigaze) and other supra-subduction zone ophiolites and their UHP mineral phases. Earth and Planetary Science Letters, 463: 101-117.

Chan G H N, Aitchison J C, Crowley Q G, et al., 2015. U-Pb zircon ages for Yarlung Tsangpo suture zone ophiolites, southwestern Tibet and their tectonic implications. Gondwana Research, 27(2): 719-732.

Dai J G, Wang C S, Li Y L, 2012. Relicts of the Early Cretaceous seamounts in the central-western Yarlung Zangbo Suture Zone, southern Tibet. Journal of Asian Earth Sciences, 53: 25-37.

Dai J G, Wang C S, Polat A, et al., 2013. Rapid forearc spreading between 130 and 120 Ma: Evidence from geochronology and geochemistry of the Xigaze ophiolite, southern Tibet. Lithos, 172-173: 1-16.

Dai J, Wang C, Zhu D, et al., 2015. Multi-stage volcanic activities and geodynamic evolution of the Lhasa terrane during the Cretaceous: Insights from the Xigaze forearc basin. Lithos, 218-219: 127-140.

Ding L, Kapp P, Wan X, 2005. Paleocene–Eocene record of ophiolite obduction and initial India - Asia collision, south central Tibet. Tectonics, 24: TC3001, doi: 0.1029/2004 TC 001729.

Garzanti E, Le Fort P, Sciunnach D, 1999. First report of Lower Permian basalts in South Tibet: tholeiitic magmatism during break-up and incipient opening of Neotethys. Journal of Asian Earth Sciences, 17(4): 533-546.

Girardeau J, Mercier J C C, Cao Y G, 1985. Origin of the Xigaze ophiolite, Yarlung Zangbo suture zone, southern Tibet. Tectonophysics, 119(1-4): 407-433.

Göpel C, Allègre C J, Xu R, 1984. Lead isotopic study of the Xigaze ophiolite (Tibet): the problem of the relationship between magmatites (gabbros, dolerites, lavas) and tectonites (harzburgites). Earth and Planetary Science Letters, 69(2): 301-310.

Guilmette C, Hébert R, Wang C S, et al., 2009. Geochemistry and geochronology of the metamorphic sole underlying the Xigaze Ophiolite, Yarlung Zangbo Suture Zone, South Tibet. Lithos, 112(1-2): 149-162.

Hébert R, Huot F, Wang C S, et al., 2003. Yarlung Zangbo ophiolites (Southern Tibet) revisited: geodynamic implications from the mineral record. In: Dilek Y, Robinson P T(eds). Ophiolites in Earth History. Geological Society, London, Special Publications, 218: 165-190.

Hébert R, Bezard R, Guilmette C, et al., 2012. The Indus-Yarlung Zangbo ophiolites from Nanga Parbat to Namche Barwa syntaxes, southern Tibet: First synthesis of petrology, geochemistry, and geochronology with incidences on geodynamic reconstructions of Neo-Tethys. Gondwana Research, 22(2): 377-397.

Hou Z, Duan L, Lu Y, et al., 2015. Lithospheric architecture of the Lhasa terrane and its control on ore deposits in the Himalayan-Tibetan orogeny. Economic Geology, 110(6): 1541-1575.

Hu X M, Garzanti E, Wang J G, et al., 2016. The timing of India-Asia collision onset–Facts, theories, controversies. Earth-Science Reviews, 160: 264-299.

Huang W T, van Hinsbergen D J J, Maffione M, et al., 2015. Lower Cretaceous Xigaze ophiolites formed in the Gangdese forearc: Evidence from paleomagnetism, sediment provenance, and stratigraphy. Earth and Planetary Science Letters, 415: 142-153.

Ji W Q, Wu F Y, Chung S L, et al., 2009. Zircon U-Pb geochronology and Hf isotopic constraints on petrogenesis of the Gangdese batholith, southern Tibet. Chemical Geology, 262(3): 229-245.

Johnson K T M, Fisk M R, Naslund H R, 1995. Geochemical characteristices of refractory silicate melt inclusions from Leg 140 diabases. in: Erzinger J, Becker K, Dick H J B(eds). Proceedings of the Ocean Drilling Program, Scientific Results, 137-140: 131-139.

Klein E M, Karsten J L, 1995. Ocean-ridge basalts with convergent-margin geochemical affinities from the Chile Ridge. Nature, 374(6517): 52-57.

Le Moigne J, Lagabrielle Y, Whitechurch H, et al., 1996. Petrology and geochemistry of the ophiolitic and volcanic suites of the Taitao Peninsula — Chile triple junction area. Journal of South American Earth Sciences, 9(1): 43-58.

Liu C Z, Wu F Y, Chu Z Y, et al., 2012. Preservation of ancient Os isotope signatures in the Yungbwa ophiolite (southwestern Tibet) after subduction modification. Journal of Asian Earth Sciences, 53: 38-50.

Liu C Z, Wu F Y, Wilde S A, et al., 2010. Anorthitic plagioclase and pargasitic amphibole in mantle peridotites from the Yungbwa ophiolite (southwestern Tibetan Plateau) formed by hydrous melt metasomatism. Lithos, 114(3-4): 413-422.

Liu C Z, Zhang C, Yang L Y, et al., 2014. Formation of gabbronorites in the Purang ophiolite (SW Tibet) through melting of hydrothermally altered mantle along a detachment fault. Lithos, 205: 127-141.

Liu T, Wu F Y, Liu C Z, et al., 2018. Variably evolved gabbroic intrusions within the Xigaze ophiolite (Tibet): New insights into the origin of ophiolite diversity. Contributions to Mineralogy and Petrology, 173: 91.

Liu T, Wu F Y, Zhang L L, et al., 2016. Zircon U-Pb geochronological constraints on rapid exhumation of the mantle peridotite of the Xigaze ophiolite, southern Tibet. Chemical Geology, 443: 67-86.

Maffione M, Van Hinsbergen D J, Koornneef L M, et al., 2015. Forearc hyperextension dismembered the south Tibetan ophiolites. Geology, 43(6): 475-478.

Malpas J, Zhou M F, Robinson P T, et al., 2003. Geochemical and geochronological constraints on the origin and emplacement of the Yarlung Zangbo ophiolites, Southern Tibet. in: Dilek Y, Robinson P T(eds). Ophiolites in Earth History, Geological Society, London, Special Publications, 218: 191-206.

McDermid I R C, Aitchison J C, Davis A M, et al., 2002. The Zedong terrane: A Late Jurassic intra-oceanic magmatic arc within the Yarlung–Tsangpo suture zone, southeastern Tibet. Chemical Geology, 187(3-4): 267-277.

Miller C, Thöni M, Frank W, et al., 2003. Geochemistry and tectonomagmatic affinity of the Yungbwa ophiolite, SW

Tibet. Lithos, 66(3-4): 155-172.

Müller R D, Sdrolias M, Gaina C, et al., 2008. Age, spreading rates, and spreading asymmetry of the world's ocean crust. Geochemistry Geophysics Geosystems, 9(4): Q04006.

Nicolas A, Girardeau J, Marcoux J, et al., 1981. The Xigaze ophiolite (Tibet): A peculiar oceanic lithosphere. Nature, 294(5840): 414-417.

Pullen A, Kapp P, Gehrels G E, et al., 2008. Gangdese retroarc thrust belt and foreland basin deposits in the Damxung area, southern Tibet. Journal of Asian Earth Sciences, 33(5): 323-336.

Seyler M, Lorand J P, Dick H J B, et al., 2007. Pervasive melt percolation reactions in ultradepleted refractory harzburgites at the Mid-Atlantic Ridge, 15°20′N: ODP Hole 1274A. Contributions to Mineralogy and Petrology, 153: 303-319.

Wang J G, Hu X, Garzanti E, et al., 2017. The birth of the Xigaze forearc basin in southern Tibet. Earth and Planetary Science Letters, 465: 38-47.

Wu F Y, Ji W Q, Wang J G, et al., 2014. Zircon U-Pb and Hf isotopic constraints on the onset time of India-Asia collision. American Journal of Science, 314(2): 548-579.

Xia B, Li J F, Xu L F, et al., 2011. Sensitive High Resolution Ion Micro-Probe U-Pb zircon geochronology and geochemistry of mafic rocks from the Pulan-Xiangquanhe Ophiolite, Tibet: Constraints on the evolution of the Neo-tethys. Acta Geologica Sinica-English Edition, 85(4): 840-853.

Xiong Q, Griffin W L, Zheng J P, et al., 2016. Southward trench migration at ~130-120 Ma caused accretion of the Neo-Tethyan forearc lithosphere in Tibetan ophiolites. Earth and Planetary Science Letters, 438: 57-65.

Yang J H, Sun J F, Zhang J H, et al., 2012. Petrogenesis of Late Triassic intrusive rocks in the northern Liaodong Peninsula related to decratonization of the North China Cration: Zircon U-Pb age and Hf-O isotope evidence. Lithos, 153: 108-128.

Yang J S, Dobrzhinetskaya L, Bai W J, et al., 2007. Diamond- and coesite-bearing chromitites from the Luobusa ophiolite, Tibet. Geology, 35(10): 875-878.

Yang J S, Robinson P T, Dilek Y, 2014. Diamonds in Ophiolites. Elements, 10(2): 127-130.

Zhang C, Liu C Z, Wu F Y, et al., 2016a. Geochemistry and geochronology of mafic rocks from the Luobusa ophiolite, South Tibet. Lithos, 245: 93-108.

Zhang L L, Liu C Z, Wu F Y, et al., 2016b.Sr-Nd-Hf isotopes of the intrusive rocks in the Cretaceous Xigaze ophiolite, southern Tibet: Constraints on its formation setting. Lithos, 258-259: 133-148.

Zhang C, Liu C Z, Wu F Y, et al., 2017. Ultra-refractory mantle domains in the Luqu ophiolite (Tibet): Petrology and tectonic setting. Lithos, 286-287: 252-263.

Zheng H, Huang Q T, Kapsiotis A, et al., 2017. Early Cretaceous ophiolites of the Yarlung Zangbo Suture Zone: Insights from dolerites and peridotites from the Baer upper mantle suite, SW Tibet (China). International Geology Review: 1-19.

Zhou M F, Robinson P T, Su B X, et al., 2014. Compositions of chromite, associated minerals, and parental magmas of podiform chromite deposits: The role of slab contamination of asthenospheric melts in suprasubduction zone environments. Gondwana Research, 26(1): 262-283.

印度-亚洲大陆碰撞带野外地质考察指南

第7章 江孜县—亚东县
（特提斯喜马拉雅沉积岩系与淡色花岗岩）

刘小驰 刘志超

7.1 康马片麻岩穹窿

片麻岩穹窿在特提斯喜马拉雅带中广泛发育，沿普兰—定日—康马一线分布一系列由深成岩和变质岩组成的穹窿体 (图 7-1)，构成近东西向展布的穹窿体带 (Burg et al., 1984; Hodges, 2000; Lee et al., 2000, 2004)，有中国学者称为拉轨岗日变质核杂岩带 (李德威等，2003, 2004)。这些穹窿其典型组成为：核部为约 35~10 Ma 的淡色花岗岩，岩体外围为变形片麻岩，片麻岩上覆低变质的古生代—新生代特提斯喜马拉雅沉积岩系，其间可能发育有中级变质岩，如千枚岩和石榴石片岩等。穹窿出露的岩浆岩和地壳深部岩石 (如糜棱状片麻岩等)，保存了碰撞过程中，中下地壳高级变质、地壳深熔和构造变形及浅表过程的重要信息，是学者关注的焦点。但直到目前，就穹窿本身的形成机制尚无定论，观点众多，其中包括：① 底辟模式 (Le Fort, 1986; Le Fort et al., 1987; Harrison et al., 1997)；② 逆冲模式 (Burg et al., 1984; Hauck et al., 1998; Lee et al., 2000,

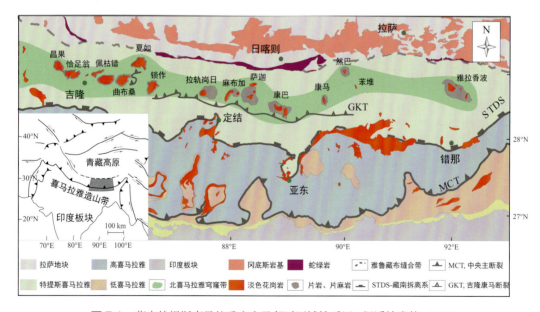

图 7-1　藏南特提斯喜马拉雅穹窿及邻近区域地质图 (据潘桂棠等，2004)

2004）；③通道流模式（Beaumont et al.，2001，2004）；④变质核杂岩模式（Chen et al.，1990；王根厚和周详，1997；Edwards et al.，1999；李德威等，2003，2004）等。

康马（Kangmar）穹隆（28°40′N，89°40′E）是特提斯喜马拉雅穹隆带中最容易到达的地区之一，得到了最为广泛的研究（图7-2）。穹隆南北长10~12 km，东西宽约6~7km，出露面积约60 km^2（张忠奎等，1986）。穹隆核部岩体的岩石类型为片麻状黑云二长花岗岩，在岩体北部的核部及边部发育有眼球状二长花岗岩。在岩体中还发现有弱片麻状二云母淡色花岗岩脉（何科昭，1979）、片麻状细粒黑云二长花岗岩脉，以及已变质变形的辉长-辉绿岩脉（刘文灿等，2004）。在康马穹隆内还广泛发育有花岗伟晶岩，如在少岗河东岸，有含电气石的花岗伟晶岩脉，脉体宽4.5 m，出露长70~80 m（何科昭，1979）。岩体与围岩呈伸展拆离断层接触关系，围岩主体为拉轨岗日岩群云母片岩。岩体经历了强烈的韧性剪切变形，片麻理发育，产状与围岩片理产状完全一致。岩体周围岩石地层自下而上分别为前寒武系（？）拉轨岗日岩群，奥陶系，石炭系下统雍孜组，二叠系破林浦组，比聋组，康马组和白定浦组，三叠系吕村组和涅如组。

康马穹隆及其周围地层中的拆离构造是藏南拆离系（STDS）研究的发源地之一（Chen et al.，1990；Burchfiel et al.，1992；刘文灿等，2004）。康马岩体与围岩之间，以

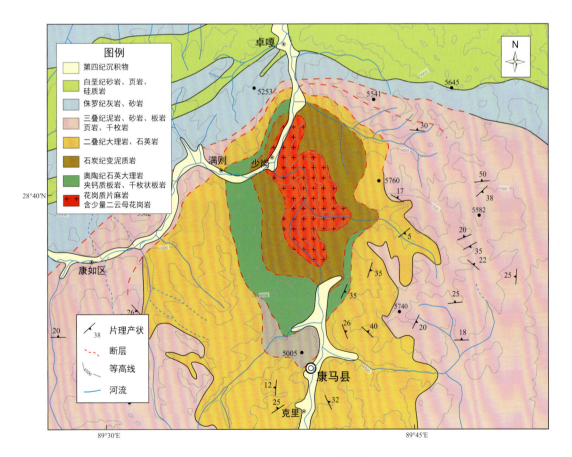

图7-2 康马穹隆地质简图（据潘桂棠等，2004）

及围岩内部存在多个伸展拆离断层带,造成地层减薄和缺失,主要拆离带发育在岩体与拉轨岗日岩群、奥陶纪大理岩与二叠系之间。研究者对康马岩体与围岩的接触关系有不同看法,认为呈侵入或不整合接触。目前,绝大多数学者认为穹窿核部岩体的变形与高级变质作用是同期事件,与喜马拉雅造山过程中的强烈挤压作用有关。关于该穹窿形成的动力学机制,众学者也有不同的观点,主要包括岩浆底辟作用、双重推覆构造、变质核杂岩伸展构造等模式,如 Burg 等通过构造地质学研究,认为康马穹窿发育于深部逆冲断层断坡或双重构造(Burg et al., 1984);但 Chen 等则认为康马穹窿类似于美国西部变质核杂岩,是青藏高原重力垮塌伸展作用结果(Chen et al., 1990);Lee 等通过对康马穹窿详细的 1:5 万地质填图工作,认为中地壳的伸展作用和南向逆冲形成了高应变透入性构造和穹窿作用,而伸展作用与 STDS 相关(Lee et al., 2000, 2004)。康马拆离断层是分隔康马穹窿下构造层片麻状二云母花岗岩和中构造层中高级变质岩的一条重要的地质界线,其内构造岩宏-微观构造特征指示了上盘向北的伸展拆离,同变形新生白云母 $^{40}Ar/^{39}Ar$ 年龄限定其向北伸展拆离的时间为 13.23 ± 0.15 Ma,与南部 STDS 活动时代一致,从年代学上暗示二者可能为同一条拆离断层在不同区域的出露(王晓先等,2015)。同特提斯喜马拉雅其他穹窿最大的区别是康马穹窿未见大规模的淡色花岗岩出露,而仅有少量变形的二云母淡色花岗岩脉(刘文灿等,2004)。Lee 认为康马穹窿中未有晚期淡色花岗岩脉出露是由于其他穹窿(如麻布加穹窿)处于较深的构造层次(Lee et al., 2004)。Maluski 等认为康马 13 Ma 的 $^{40}Ar/^{39}Ar$ 年龄对应变质或是矿物的重置,与深部的新生代侵入体有关(Maluski et al., 1988)。尽管前人在康马岩体投入了大量的工作,但是年代学结果差别甚大,并且工作主要集中于康马穹窿的主体岩石花岗质片麻岩,尚未对其中出露的淡色花岗质脉体开展详细研究(表 7-1)。

表 7-1　康马穹窿同位素测年数据统计结果

岩石类型	产状	方法	测试对象	年龄/Ma	参考文献
片麻状二云母花岗岩	主体	Rb-Sr	全岩	484.55 ± 6.34	王俊文等, 1981
花岗岩	主体	Rb-Sr	全岩	484 ± 14	Debon et al., 1986
花岗岩	主体	U-Pb	锆石	521 ± 38	Debon et al., 1986
花岗岩	主体	U-Pb	锆石	558 ± 16	Debon et al., 1986
片麻状二云母花岗岩	主体	U-Pb	锆石	266	张玉泉等, 1981
二云母花岗片麻岩	主体	U-Pb	锆石	562 ± 4	Schärer et al., 1986
片麻状花岗岩	主体	U-Pb	锆石	558 ± 14	许荣华等, 1986
花岗片麻岩	主体	U-Pb	锆石	508 ± 1	Lee et al., 2000
片麻状黑云二长花岗岩	主体	U-Pb	锆石	461.2 ± 1.6	刘文灿等, 2004

续表

岩石类型	产状	方法	测试对象	年龄/Ma	参考文献
眼球状黑云二长花岗岩	主体	U-Pb	锆石	478.1±1.6	刘文灿等,2004
黑云二长片麻岩	主体	U-Pb	锆石	504~528	许志琴等,2005
黑云二长片麻岩	主体	U-Pb	锆石	835~869	许志琴等,2005
片麻状二云母花岗岩	主体	U-Pb	锆石	493±14	夏斌等,2008
花岗片麻岩	主体	U-Pb	锆石	514.9±9.3	Wang et al., 2012
花岗片麻岩	主体	U-Pb	锆石	494.8±1.2	Wang et al., 2012
花岗片麻岩	主体	U-Pb	锆石	499.4±1.2	Wang et al., 2012
花岗片麻岩	主体	U-Pb	锆石	484.0±2.9	Wang et al., 2012
片麻状淡色花岗岩	主体	U-Pb	锆石	490~500	孙义伟,2014
二长花岗岩	主体	U-Pb	锆石	528.8±3.6	王一伟,2015
二长花岗岩	主体	U-Pb	锆石	485.0±1.8	王一伟,2015
片麻状淡色花岗岩	主体	U-Pb	锆石	490~500	孙义伟,2014
花岗岩	主体	K-Ar	黑云母	22.9	陈祥高,1979
花岗岩	主体	K-Ar	白云母	22.2	陈祥高,1979
片麻岩	主体	K-Ar	云母	22~36	周云生等,1981
片麻状二云母花岗岩	主体	K-Ar	黑云母	31.8	张玉泉等,1981
花岗岩	主体	K-Ar	黑云母	19~12.5	Debon et al., 1986
片麻状花岗岩	主体	$^{40}Ar/^{39}Ar$	黑云母	13.0~20.5	Maluski et al., 1988
片麻状花岗岩	主体	$^{40}Ar/^{39}Ar$	白云母	13.3~17.6	Maluski et al., 1988
构造片麻岩	主体	$^{40}Ar/^{39}Ar$	黑云母	10.25±0.7	王根厚等,1997
花岗片麻岩	主体	$^{40}Ar/^{39}Ar$	黑云母	11~16	Lee et al., 2000
眼球状黑云二长花岗岩	主体	$^{40}Ar/^{39}Ar$	黑云母	17.6	刘文灿等,2004
眼球状黑云二长花岗岩	主体	$^{40}Ar/^{39}Ar$	白云母	18.3	刘文灿等,2004
片麻状黑云二长花岗岩	主体	$^{40}Ar/^{39}Ar$	黑云母	17.6	刘文灿等,2004
石榴石二云母片岩	主体	$^{40}Ar/^{39}Ar$	白云母	13.23±0.15	王晓先等,2015
含石榴石云母片岩	主体	Lu-Hf	石榴石-全岩	51.3±0.4	Smit et al., 2014
含石榴石云母片岩	主体	Lu-Hf	石榴石-全岩	48.9±0.3	Smit et al., 2014

续表

岩石类型	产状	方法	测试对象	年龄/Ma	参考文献
变泥质岩	主体	U-Th-Pb	独居石	18.5~16.0	Stearns et al., 2013
片麻状二云母二长花岗岩	脉体	U-Pb	锆石	471.1±1	刘文灿等，2004
弱片麻状黑云二长花岗岩	脉体	U-Pb	锆石	339±1.2	刘文灿等，2004
片麻状二云母二长花岗岩	脉体	$^{40}Ar/^{39}Ar$	白云母	12.02	刘文灿等，2004
变质辉长辉绿岩	脉体	$^{40}Ar/^{39}Ar$	角闪石	27.4~51.2	Lee et al., 2002
变质辉长辉绿岩	脉体	$^{40}Ar/^{39}Ar$	角闪石	45.8	刘文灿等，2004

7.2 亚东高喜马拉雅变质岩和淡色花岗岩

亚东地处西藏南部边境，东经89°~90°附近（图7-3）。在该区，藏南拆离系被近南北向裂谷（亚东-谷露裂谷）切穿，形成一个北北东-南南西走向的半地堑盆地，即著名的亚东横穿构造（Yadong Cross Structure, YCS）。在亚东半地堑盆地的南端，高喜马拉雅结晶岩系之上保存有一个由特提斯喜马拉雅岩石单元构成的飞来峰（Wu et al., 1998; Xu et al., 2013）。该飞来峰中的地层单元可以分为上下两部分，上部为低级变质的奥陶纪—中生代沉积岩，主要岩石类型大理岩、钙质粉砂岩、砂岩、页岩、千枚岩等；下部为中高级变质的寒武纪地层（肉切村群①），主要岩石类型包括石榴石黑云母片岩、二云母片岩、绿泥石片岩，以及少量的石英岩，变质级从上向下快速增加。飞来峰中的下部岩石单元发生强烈的剪切变形，和下伏的高喜马拉雅结晶岩系的顶部岩石一起构成了一个宽阔的韧性剪切带（Xu et al., 2013）。该韧性剪切带内的变形构造均指示了上盘相对于下盘向北滑动的动力学特征。因此，这个特提斯喜马拉雅和高喜马拉雅之间的韧性剪切带被鉴定为保存在亚东地区的藏南拆离系（Liu et al., 2017）。

亚东地区的高喜马拉雅结晶岩系主要出露于亚东县城的南侧和亚东县城以北40 km处的哲古拉地区。这些前寒武纪变质岩系包括上部的聂拉木岩群和下部的亚东岩群，角闪岩相至麻粒岩相。聂拉木岩群的主要岩性为片麻岩、变粒岩、大理岩、少量石英岩等；亚东岩群的主要岩石类型有变粒岩、片麻岩、混合岩以及少量的石英岩。Gong等（2012）通过对哲古拉地区的退变质高压麻粒岩和寄主花岗岩精细的 $^{40}Ar/^{39}Ar$ 年代学和热史研究，约束高压变质作用之后的两期退变质事件分别发生在48.5 Ma和31.1 Ma，并

---

①肉切村群的地质单元属性在国内外研究中存在争议，主要有三种不同观点，分别将其归属于高喜马拉雅、特提斯喜马拉雅和过渡于它们两者之间的独立地层单元。本书根据1∶25万亚东地质图将其归于特提斯喜马拉雅地质单元内。

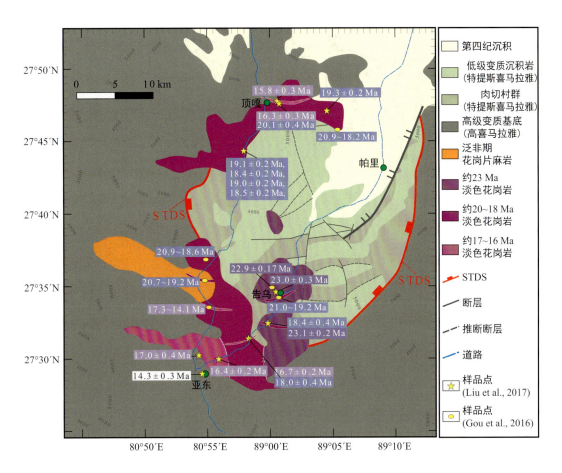

图 7-3 亚东地区构造简图 (据 Liu et al., 2017)

指出这些变质岩基底在 31.1~17 Ma 时滞留于中下地壳 15~24 km 处，在 17~7 Ma 时发生快速折返，之后缓慢剥露于地表（图 7-4）。Zhang 等 (2017) 进一步对高喜马拉雅结晶岩系的变质作用和部分熔融作用进行了系统工作，识别出两期变质矿物组合，峰期矿物组合为石榴子石+蓝晶石+黑云母+石英+斜长石+钾长石，退变质矿物组合为石榴子石+斜长石+钾长石+夕线石/堇青石+黑云母+白云母+石英。通过相平衡模拟，指出该泥质麻粒岩经历了峰期变质条件为 800~845 ℃和 12~14 kbar 的高温、高压变质作用，近等温降压和近等压降温退变质过程。在进变质和峰期变质过程中，泥质麻粒岩经历了白云母和黑云母脱水熔融（图 7-5）。根据锆石年代学结果推测高温变质与部分熔融过程开始于约 30 Ma 持续到约 20 Ma（图 7-5）。

在亚东地区，STDS 韧性剪切带被两个晚期的淡色花岗岩岩体侵入，分别是北侧的顶嘎岩体和南侧的告乌岩体，它们均由较大规模的花岗岩主体和其周围的一系列岩脉构成（图 7-3）。顶嘎岩体位于亚东县嘎拉—顶嘎—普罗马日一线。侵入体呈近东西带状，边界不规则，侵入的围岩地层包括寒武系北坳组（肉切村群，属中高级变质的特提斯喜马拉雅沉积岩系)、前寒武系亚东岩群和泛非期花岗片麻岩(属高喜马拉雅结晶岩系)。花岗岩主体和周边脉体均切层侵入，花岗岩出露面积约 80 km²。顶嘎淡色花岗岩主要岩性为二云母花岗岩、含电气石花岗岩和含石榴石白云母花岗岩。岩石大多为细粒粒状结构，无变形，少量二云母岩石具有云母定向分布特征。告乌淡色花岗岩分布于亚东县嘎林岗—告乌一带，出露面积约为 172 km²，岩体呈三叉戟状。东侧分支侵入奥陶系甲村群(属低级变质的特提斯喜马拉雅沉积岩系)和寒武系北坳组(肉切村群)，主要岩性为含石榴电气石白云母花岗岩；中间分支侵入强烈变形的寒武系北坳组和前寒武系亚东岩群中，主要岩性为二云母花岗岩；西侧分支主要由一系列侵入到亚东岩群中的淡色花岗岩脉构成，岩性主要为二云母花岗岩。根据系统的年代学工作，顶嘎淡色花岗岩包括约 20~18 Ma 和约 16 Ma 两个期次的岩浆活动，告乌淡色花岗岩包括约 23 Ma、约 20~18 Ma 和约 17~16 Ma 三个期次的岩浆活动 (Gou et al., 2016; Liu et al., 2017)。约 20~18 Ma 淡色花岗岩代表了亚东地区最主要的岩浆活动，并且该期次的淡色花岗岩切穿了整个 STDS 韧性剪切带，因此，根据它们的形成时代可以限定亚东地区的 STDS 在约 20 Ma 之前应该已经结束。

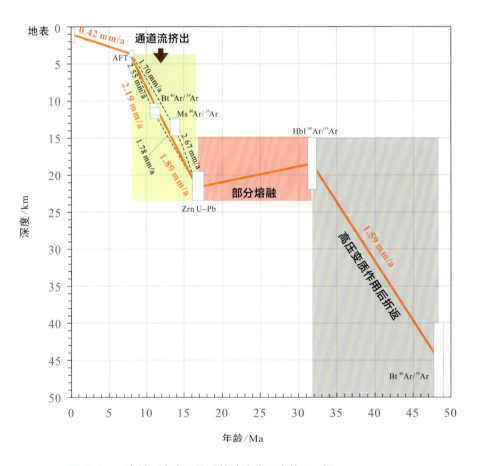

图 7-4　亚东地区高喜马拉雅构造演化历史简图 (据 Gong et al., 2012)

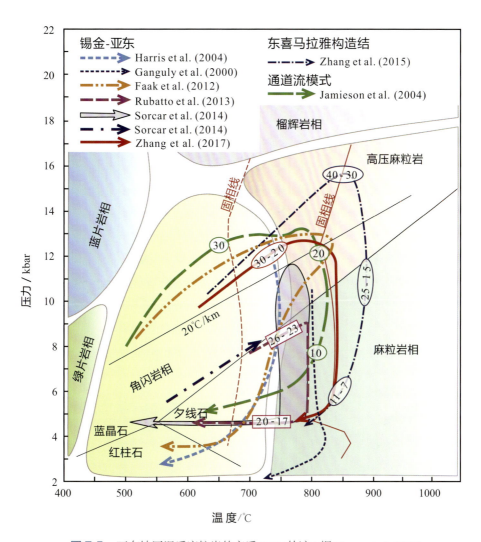

图 7-5　亚东地区泥质麻粒岩的变质 P-T-t 轨迹（据 Zhang et al., 2017）

7.3　考察点

◉ 考察点 1 (28°41′30.76″N, 89°37′55.53′E)：少岗检查站西侧康马片麻岩及围岩

该观察点位于康马县少岗检查站西侧（图 7-6），主体岩石类型为黑云母花岗质片麻岩，在岩体北部的核部及边部发育有含石榴石二云母二长花岗岩（脉），淡色花岗岩呈脉状侵入至花岗质片麻岩及含石榴石黑云母片岩中，弱变形，中粒结构（图 7-7）。同时，黑云母花岗质片麻岩中可见已变质变形的暗色辉长辉绿岩（脉），脉宽变化在 0.4~8 m，最大延伸达 50 m 以上。

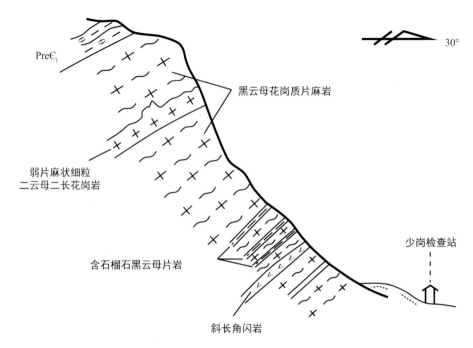

图 7-6　康马花岗片麻岩岩体及围岩接触关系示意图（据刘文灿等，2004 修改）

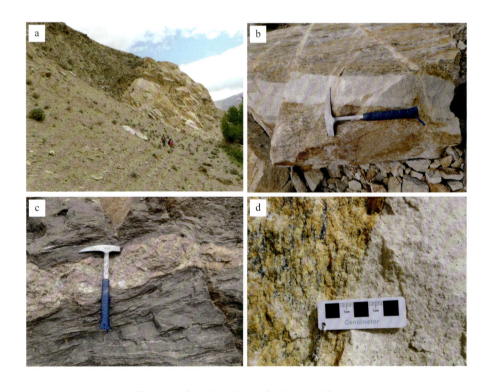

图 7-7　康马穹窿少岗检查站西侧野外露头
a. 康马花岗质片麻岩及黑云母片岩接触界线；b. 侵入至黑云母片麻岩的石榴石二云母淡色花岗岩脉；
c. 侵入至黑云母片岩中的花岗伟晶岩脉；d. 淡色花岗岩脉同黑云母片麻岩接触界线

考察点 2 (28°41′11.53″N, 89°39′13.87″E)：康马石材加工厂北侧

在康马石材加工厂对面，可见康马穹窿核部花岗岩主体，穹窿主体岩性为细粒黑云花岗片麻岩、眼球状二长花岗片麻岩（图 7-8）。岩体内部发育细粒二云母花岗岩脉、辉长辉绿岩脉，辉长辉绿岩与花岗片麻岩为同构造侵位，侵位时间约 510 Ma（图 7-9、图 7-10）。

图 7-8　康马岩体野外露头 (a) 和黑云母花岗片麻岩及侵入的淡色花岗岩脉 (b)

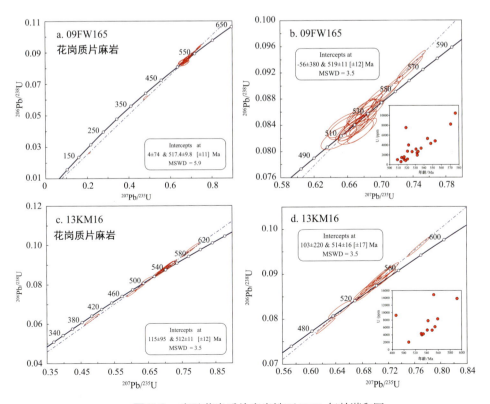

图 7-9　康马花岗质片麻岩锆石 U-Pb 年龄谐和图

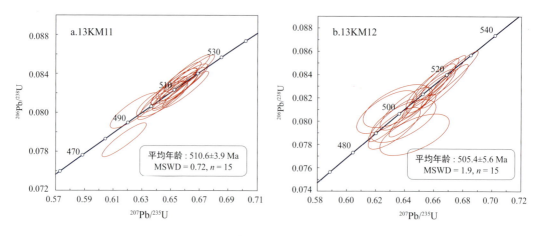

图 7-10 康马变基性岩锆石 U-Pb 年龄谐和图

● 考察点 3 (28°39′12.42″N, 89°40′49.92″E): 康马采石场伟晶岩

康马花岗片麻岩岩体中常见多期次的伟晶岩穿切，伟晶岩延伸可达数十米，最宽处约 30 cm（图 7-11）。除含有钾长石、斜长石、石英、白云母、电气石外，这些伟晶岩还含有绿柱石、铌钽矿等富集 Be、Nb、Ta 等稀有元素矿物。伟晶岩形成时代尚未明确限定。

图 7-11 侵入康马花岗质片麻岩中的多期次伟晶岩（a）和切穿花岗片麻岩片麻理的伟晶岩（b）

● 考察点 4 (27°47′32.46″N, 89°0′39.96″E): 未变形的顶嘎淡色花岗岩侵入高喜马拉雅泛非期花岗片麻岩

在帕里到顶嘎的山路旁，可以观察到发生明显变形的古生代花岗片麻岩，变形特征指示剪切方向为顶部向北（图 7-12）。该变形的花岗片麻岩被认为是 STDS 韧性剪切带的一部分。有未变形的二云母花岗岩侵入该花岗片麻岩中，并穿切其片麻理。

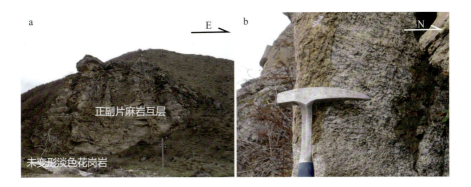

图 7-12 强烈变形的古生代花岗片麻岩被未变形的顶嘎淡色花岗岩侵入（Liu et al., 2017）

a. 未变形的中新世淡色花岗岩侵入古生代花岗片麻岩中；b. 强烈变形的古生代花岗片麻岩，其变形特征显示上盘向北的剪切作用（Liu et al. 2017）

● 考察点 5 (27°45′25.17″N, 88°58′27.66″E)：未变形的顶嘎淡色花岗岩岩脉切穿肉切村群片岩

顶嘎向南的村路边，可以见到顶嘎淡色花岗岩岩脉侵入肉切村群钙质片岩并切穿其片理（图 7-13）。

图 7-13 顶嘎淡色花岗岩侵入北坳组片岩 (Liu et al., 2017)

● 观察点 6 (27°39′43.62″N, 88°57′0.36″E)：顶嘎淡色花岗岩

在小河边的采石场内可以见到大量新鲜的淡色花岗岩（图 7-14）。主要岩性包括二云母花岗岩、电气石花岗岩和石榴石花岗岩，它们之间为渐变关系。所有淡色花岗岩均无变形。只在少量二云母花岗岩中见到有云母弱定向分布，而岩石中其他矿物的晶体均无变形和定向分布特征，因而判断该云母定向是由于岩浆流动分异造成的。

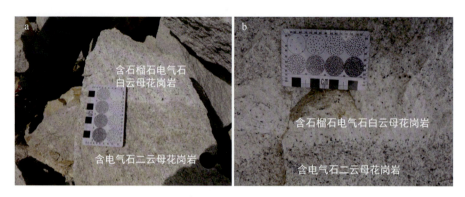

图 7-14　顶嘎淡色花岗岩 (Liu et al., 2017)

观察点 7 (27°32′29.22″N, 88°59′43.08″E): 告乌淡色花岗岩

沿省道 S204 出亚东县城向江孜方向，路边可见到两期次淡色花岗岩的接触关系。约 18 Ma 淡色花岗岩以脉体形式沿早期约 23 Ma 淡色花岗岩主体中裂隙侵位（图 7-15a）。

观察点 8 (27°36′23.16″N, 89°2′27.48″E): 告乌淡色花岗岩侵入特提斯喜马拉雅沉积岩

沿 S204 继续向北，在路边露头可追踪到告乌淡色花岗岩的北侧边界，即告乌淡色花岗岩与特提斯喜马拉雅沉积岩系的接触关系（图 7-15b）。未变形的告乌淡色花岗岩侵入弱变质的特提斯喜马拉雅岩系中（弱变质的砂岩）。

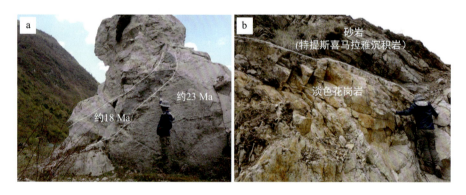

图 7-15　告乌淡色花岗岩 (Liu et al., 2017)
a. 约 18 Ma 淡色花岗岩脉侵入约 23 Ma 淡色花岗岩主体；b. 淡色花岗岩侵入低级变质的特提斯喜马拉雅沉积岩系中

参 考 文 献

陈祥高, 1979. 西藏南部同位素地质年龄的测定与喜马拉雅运动的分期. 地质科学, 14: 13-21.

何科昭, 1979. 西藏康马一带构造的基本特征. 青藏高原地质文集, 3: 250-256.

李德威, 刘德民, 廖群安, 等, 2003. 藏南萨迦拉轨岗日变质核杂岩的厘定及其成因. 地质通报, 5: 303-307.

李德威, 张雄华, 廖群安, 等, 2004. 定结县幅, 陈塘区幅地质调查新成果及主要进展. 地质通报, 23: 438-443.

刘文灿, 梁定益, 王克友, 等, 2002. 藏南康马地区奥陶系的发现及其地质意义. 地学前缘, 9: 75-78.

刘文灿, 王瑜, 张祥信, 等, 2004. 西藏南部康马岩体岩石类型及其同位素测年. 地学前缘, 11: 491-501.

潘桂棠, 王立全, 丁俊, 等, 2004. 青藏高原及邻区1∶150万地图及说明书. 成都: 成都地图出版社.

孙义伟, 赵志丹, 朱弟成, 等, 2014. 藏南康马淡色花岗岩与基性岩脉的年代学和地球化学. 中国地球科学联合学术年会.

王根厚, 周详, 1997. 西藏康马热伸展变质核杂岩构造研究. 成都理工学院学报, 24: 62-67.

王俊文, 成忠礼, 桂训唐, 等, 1981. 西藏南部某些中酸性岩体的铷-锶同位素研究. 地球化学, 3: 242-246.

王晓先, 张进江, 闫淑玉, 等, 2015. 藏南康马拆离断层的构造特征及其活动时代. 大地构造与成矿学, 39: 250-259.

王一伟, 2015. 西藏江孜—康马地区侵入岩地球化学特征. 成都: 成都理工大学硕士学位论文.

夏斌, 徐力峰, 张玉泉, 等, 2008. 西藏南部康马花岗岩锆石 SHRIMP U-Pb 年龄. 矿物岩石, 28: 72-76.

许荣华, 金成伟, 1986. 西藏北喜马拉雅花岗岩带中段地质年代的研究. 地质科学, 4: 339-348.

许志琴, 杨经绥, 梁凤华, 等, 2005. 喜马拉雅地体的泛非—早古生代造山事件年龄记录. 岩石学报, 1: 3-14.

张旗, 周云生, 李达周, 等, 1986. 西藏康马片麻岩穹窿及其周围变质岩的主要特征. 地质科学, 2: 125-133.

张玉泉, 戴橦谟, 洪阿实, 1981. 西藏高原南部花岗岩类同位素地质年代学. 地球化学, 1: 8-18.

张忠奎, 陈祥高, 藏文秀, 1986. 西藏康马多得乡花岗岩的裂变径迹年龄和上升速度研究. 岩石学报, 2: 34-35.

周云生, 张旗, 梅厚均, 1981. 西藏岩浆活动和变质作用. 北京: 科学出版社.

周志广, 刘文灿, 梁定益, 2004. 藏南康马奥陶系及其底砾岩的发现并初论喜马拉雅沉积盖层与统一变质基底的关系. 地质通报, 23: 655-663.

Aoya M, Wallis S, Kawakami T, et al., 2006. The Malashan gneiss dome in south Tibet: Comparative study with the Kangmar dome with special reference to kinematics of deformation and origin of associated granites. Geological Society, London, Special Publications, 268: 471-495.

Beaumont C, Jamieson R A, Nguyen M H, et al., 2001. Himalayan tectonics explained by extrusion of a low-viscosity crustal channel coupled to focused surface denudation. Nature, 414: 738-742.

Beaumont C, Jamieson R A, Nguyen M H, et al., 2004. Crustal channel flows: 1. Numerical models with applications to the tectonics of the Himalayan-Tibetan orogen. Journal of Geophysics Research-Solid Earth, 109: B06406. http://dx.doi.org/10.1029/2003JB002809.

Burchfiel B C, Chen Z, Hodges K V, et al., 1992. The South Tibet Detachment System, Himalayan orogen: Extension contemporaneous with and parallel to shortening in a collisional mountain belt. Geological Society of America Special Papers, 269: 1-41.

Burg J P, Brunel M, Gapais D, et al., 1984. Deformation of leucogranites of the crystalline main central sheet in southern Tibet (China). Journal of Structure Geology, 6: 535-542.

Cawood P A, Johnson M RW, Nemchin A A, 2007. Early Palaeozoic orogenesis along the Indian margin of Gondwana: Tectonic response to Gondwana assembly. Earth and Planetary Science Letters, 255: 70-84.

Carosi R, Montomoli C, Rubatto D, et al., 2013. Leucogranite intruding the South Tibetan Detachment in western Nepal: implications for exhumation models in the Himalayas. Terra Nova, 25: 478-489.

Chen Z, Liu Y, Hodges K V, et al., 1990. The Kangmar Dome: a Metamorphic Core Complex in Southern Xizang (Tibet). Science, 250: 1552-1556.

Cottle J M, Jessup M J, Newell D L, et al., 2007. Structural insights into the early stages of exhumation along an orogen-scale detachment: the South Tibetan Detachment System, Dzakaa Chu section, Eastern Himalaya. Journal of Structural Geololy, 29: 1781-1797.

Cottle J M, Watters D J, Riley D, et al., 2011. Metamorphic history of the South Tibetan Detachment System, Mt. Everest region, revealed by RSCM thermometry and phase equilibria modeling. Journal of Metamorphic Geology, 29: 561-582.

Debon F, Fort P L, Sheppard S M F et al., 1986. The Four Plutonic Belts of the Transhimalaya-Himalaya: a Chemical, Mineralogical, Isotopic, and Chronological Synthesis along a Tibet-Nepal Section. Journal of Petrology, 27: 219-250.

Edwards M A, Kidd W S F, Li J X, et al., 1996. Multi-stage development of the southern Tibet detachment system near Khula Kangri. New data from Gonto La. Tectonophysics, 260: 1-19.

Edwards M A, Pêcher A, Kidd W S F, et al., 1999. Southern Tibet detachment system at Khula Kangri, eastern Himalaya: a large-area, shallow detachment stretching into Bhutan? Journal of Geology, 107: 623-631.

Faak K, Chakraborty S, Dasgupta S, 2012. Petrology and tectonic significance of metabasite slivers in the Lesser and Higher Himalayan domains of Sikkim, India. Journal of Metamorphic Geology, 30: 599-622.

Godin L D, Grujic R, Law R, et al., 2006. Crustal flow, extrusion, and exhumation in continental collision zones. In: Law R D, Searle M P, Godin L, (Eds), An Introduction, in Channel Flows, Ductile Extrusion and Exhumation in Continental Collision Zones. Geological Society, London, Special Publication, 268: 1-23.

Ganguly J, Dasgupta S, Cheng W, et al., 2000. Exhumation history of a section of the Sikkim Himalayas, India: records in the metamorphic mineral equilibria and compositional zoning of garnet. Earth and Planetary Science Letters, 183: 471-486.

Gong J F, Ji J Q, Han B F, et al., 2012. Early subduction-exhumation and late channel flow of the Greater Himalayan Sequence: Implications from the Yadong section in the eastern Himalaya. International Geology Review, 54: 1184-1202.

Gou Z B, Zhang Z M, Dong X, et al., 2016. Petrogenesis and tectonic implications of the Yadong leucogranites, southern Himalaya. Lithos, 256-257: 300-310.

Guo Z F, Wilson M, 2012. The Himalayan leucogranites: constraints on the nature of their crustal source region and geodynamic setting. Gondwana Research, 22: 360-376.

Harris N B W, Caddick M, Kosler J, et al., 2004. The pressuretemperaturetime path of migmatites from the Sikkim

Himalaya. Journal of Metamorphic Geology, 22: 249-264.

Harrison T M, Lovera O M, Grove M, 1997. New insights into the origin of two contrasting Himalayan granite belts. Geology, 25: 899-902.

Hauck M L, Nelson K D, Brown L D, et al., 1998. Crustal structure of the Himalayan orogen at similar to 90 degrees east longitude from Project INDEPTH deep reflection profiles. Tectonics, 17: 481-500.

He D, Webb A A G, Larson K P, et al., 2016. Extrusion vs. duplexing models of Himalayan mountain building 2: The South Tibet detachment at the Dadeldhura Klippe. Tectonophysics, 67: 87-107.

Herren E, 1987. Zanskar shear zone: northeast-south-west extension within the Higher Himalayas (Ladakh, India). Geology, 15: 409-413.

Hodges K V, Parrish R R, Searle M P, 1996. Tectonic evolution of the central Annapurna Range, Nepalese Himalaya. Tectonics, 15: 1264-1291.

Hodges K V, 2000. Tectonics of the Himalaya and southern Tibet from two perspectives. Geological Society of America Bulletin, 112: 324-350.

Jamieson R A, Beaumont C, Medvedev S, et al., 2004. Crustal channel flows: 2. Numerical models with implications for metamorphism in the Himalayan-Tibetan orogen. 109, B06407.

Jessup M J, Cottle J M, Searle M P, et al., 2008. P-T-t-D paths of Everest Series schist, Nepal. Journal of Metamorphic Geology, 26: 717-739.

Kawakami T, Aoya M, Wallis S R, et al., 2007. Contact metamorphism in the Malashan dome, North Himalayan gneiss domes, southern Tibet: An example of shallow extensional tectonics in the Tethys Himalaya. Journal of Metamorphic Geology, 25: 831-853.

Law R D, Jessup M J, Searle M P, et al., 2011. Telescoping of isotherms beneath the South Tibetan Detachment System, Mount Everest Massif. Journal of Structural Geology, 33: 1569-1594.

Le Fort P, 1986. Metamorphism and magmatism during the Himalayan collision. Geological Society, London, Special Publications, 19: 159-172.

Le Fort P, Cuney M, Deniel C, et al., 1987. Crustal generation of the Himalayan leucogranites. Tectonophysics, 134: 39-57.

Lee J, Dinklage W S, Wang Y, et al., 2002. Geology of the Kangmar Dome, southern Tibet with explanatory notes. Geological Society of America Map and Chart Series MCH090, 1(50,000).

Lee J, Hacker B R, Dinklage W S, et al., 2000. Evolution of the Kangmar Dome, southern Tibet: Structural, petrologic, and thermochronologic constraints. Tectonics, 19: 872-895.

Lee J, Hacker B, Wang Y, 2004. Evolution of North Himalayan gneiss domes: Structural and metamorphic studies in Mabja Dome, southern Tibet. Journal of Structural Geology, 26: 2297-2316.

Leger R M, Webb A A G, Henry D J, et al., 2013. Metamorphic field gradients across the Himachal Himalaya, northwest India: implications for the emplacement of the Himalayan crystalline core. Tectonics, 32: 540-557.

Leloup P H, Mahéo G, Arnaud N, et al., 2010. The South Tibet detachment shear zone in the Dinggye area: Time constraints on extrusion models of the Himalayas. Earth and Planetary Science Letters, 292: 1-16.

Liu Z C, Wu F Y, Qiu Z L, et al., 2017. Leucogranite geochronological constraints on the termination of the South

Tibetan Detachment in eastern Himalaya. Tectonophysics, 721: 106-122.

Maluski H, Matte P, Brunel M, et al., 1988. ^{39}Ar/^{40}Ar of Metamorphic and Plutonic Events in the North and High Himalaya Belts (southern Tibet, China). Tectonics, 7: 299-326.

Murphy M A, Harrison T M, 1999. Relationship between leucogranites and the Qomolangma detachment in the Rongbuk Valley, South Tibet. Geology, 27: 831-834.

Kellett D A, Grujic D, 2012. New insight into the South Tibetan detachment system: Not a single progressive deformation. Tectonics, 31: TC2007.

Kellett D A, Grujic D, Coutand I, et al., 2013. The South Tibetan detachment system facilitates ultra rapid cooling of granulite-facies rocks in Sikkim Himalaya. Tectonics, 32: 252-270.

Kellett D A, Grujic D, Warren C, et al., 2010. Metamorphic history of a syn-convergent orogeny-parallel detachment: the South Tibetan detachment system, Bhutan Himalaya. Journal of Metamorphic Geology, 28: 785-808.

Rubatto D, Chakraborty S, Dasgupta S, 2013. Timescales of crustal melting in the Higher Himalayan Crystallines (Sikkim, Eastern Himalaya) inferred from trace element-constrained monazite and zircon chronology. Contributions to Mineralogy and Petrology, 165: 349-372.

Sachan H K, Kohn, M J, Saxena A, et al., 2010. The Malari leucogranite, Garhwal Himalaya, northern India: Chemistry, age, and tectonic implications. Geological of Society American Bulletin, 122: 1865-1876.

Schärer U, Xu R H, Allègre C J, 1986. U-(-Th)Pb systematics and ages of Himalayan leucogranites, South Tibet. Earth and Planetary Science Letters, 77: 35-48.

Searle M P, Cottle J M, Streule M J, et al., 2010. Crustal melt granites and migmatites along the Himalaya: Melt source, segregation, transport and granite emplacement mechanisms. Geological Society of American Specical Papers, 472: 219-233.

Searle M P, Godin L, 2003. The South Tibetan detachment and the Manaslu leucogranite: A structural reinterpretation and restoration of the Annapurna-Manaslu Himalaya, Nepal. Journal of Geology, 111: 505-523.

Smit M A, Hacker B R, Lee J, 2014. Tibetan garnet records early Eocene initiation of thickening in the Himalaya. Geology, 42: 591-594.

Stearns M A, Hacker B R, Ratschbacher L, et al., 2013. Synchronous Oligocene-Miocene metamorphism of the Pamir and the north Himalaya driven by plate-scale dynamics. Geology, 41: 1071-1074.

Sorcar N, Hoppe U, Dasgupta S, et al., 2014. High-temperature cooling histories of migmatites from the High Himalayan Crystallines in Sikkim, India: rapid cooling unrelated to exhumation? Contributions to Mineralogy and Petrology, 167: 1-34.

Vannay J C, Grasemann B, Rahn M, et al., 2004. Miocene to Holocene exhumation of metamorphic crustal wedges in the NW Himalaya: Evidence for tectonic extrusion coupled to fluvial erosion. Tectonics, 23: TC1014.

Wang X, Zhang J, Santosh M, et al., 2012. Andean-type orogeny in the Himalayas of south Tibet: Implications for early Paleozoic tectonics along the Indian margin of Gondwana. Lithos, 154: 248-262.

Webb A A G, Schmitt A K, He D, et al., 2011. Structural and geochronological evidence for the leading edge of the Greater Himalayan Crystalline complex in the central Nepal Himalaya. Earth and Planetary Science Letters, 304: 483-495.

Webb A A G, Yin A, Dubey C S, 2013. U-Pb zircon geochronology of major lithologic units in the eastern Himalaya: Implications for the origin and assembly of Himalayan rocks. Geologcial Society of American Bulletin, 125: 499-522.

Wu C D, Nelson K D, Wortman G, et al., 1998. Yadong cross structure and South Tibetan Detachment in the east central Himalaya (89°-90°E). Tectonics, 17: 28-45.

Xu Z Q, Wang Q, Pêcher A, et al., 2013. Orogen-parrallel ductile extension and extrusion of the Greater Himalaya in the late Oligocene and Miocene. Tectonics, 32: 191-215.

Zhang H F, Harris N, Parrish R, et al., 2004. Causes and consequences of protracted melting of the mid-crust exposed in the North Himalayan antiform. Earth and Planetary Science Letters, 228: 195-212.

Zhang J J, Santosh M, Wang X X, et al., 2012. Tectonics of the northern Himalaya since the India-Asia collision. Gondwana Research, 21: 939-960.

Zhang Z M, Xiang H, Dong X, et al., 2015. Long-lived high-temperature granulite-facies metamorphism in the Eastern Himalayan orogen, south Tibet. Lithos, 212: 1-15.

Zhang Z M, Xiang H, Dong X, et al., 2017. Oligocene HP metamorphism and anataxis of the Higher Himalayan Crystalline Sequence in Yadong region, east-central Himalaya. Gondwana Research, 41: 173-187.

印度-亚洲大陆碰撞带野外地质考察指南

第8章　江孜县—浪卡子县—拉萨市
（特提斯喜马拉雅沉积岩系——北带）

胡修棉　王建刚

8.1 特提斯喜马拉雅北带地层

在第 4 天的考察中，我们已经在定日接触过特提斯喜马拉雅沉积岩系。特提斯喜马拉雅是当时印度大陆北缘宽广的被动大陆边缘沉积，其南部的沉积大约从早古生代就已开始。其北部，大约从中生代初期开始，形成另外一套沉积，它以江孜的甲不拉和床得剖面为代表，其侏罗纪—白垩纪地层从下到上依次为下热组（遮拉组）、维美组、日朗组、甲不拉组和床得组（图 8-1）。床得组之上，是一套性质独特的宗卓混杂岩，以含大量硅质岩和砂岩岩块及少量玄武岩岩块为特色，其基质为强变形的泥页岩。由于宗卓组与床得组之间的接触关系存在争论，我们暂时将其归并为一套地层，但不排除宗卓组代表了另外一套形成于深海、与大陆碰撞关系密切的沉积。此外，在特提斯喜马拉雅的东北端，出现另外一套以朗杰学为命名的三叠纪沉积，显示特提斯喜马拉雅北缘沉积岩石的复杂性。

床得剖面出露特提斯喜马拉雅北带（深水沉积）侏罗纪—白垩纪地层。地层从下到上依次为：下热组（遮拉组）、维美组、日朗组、甲不拉组、床得组和宗卓组（图 8-2；李祥辉等，1999；Li et al., 2005; Hu et al., 2008）。

下热组： 青灰色中层安山岩、安山玄武岩夹黑色页岩，时代可能为中侏罗世。

维美组： 时代为晚侏罗世。下部由黑色页岩、硅质页岩夹灰岩透镜体和少量石英砂岩；上部由中厚层石英砂岩夹少量灰黑色页岩组成。

日朗组： 灰黑色页岩夹少量细砂岩。砂岩层厚数十厘米至 1 米，且有向上增厚增多的趋势。与维美组的石英砂岩相比，日朗组砂岩中含长石（15%~20%）和少量火山岩岩屑（<3%）。时代为早白垩世。

甲不拉组： 时代为早白垩世—晚白垩世早期。可分为下部黑层段和上部白层段。下部由灰黑色页岩、硅质页岩夹灰岩薄层和透镜体组成，上部由灰黑色（风化显灰白色）钙质页岩夹泥灰岩、灰岩组成。

床得组： 时代为晚白垩世 Campanian 期。由紫红色泥灰岩、硅质页岩和灰岩组成，为晚白垩世大洋富氧事件的产物（胡修棉等，2006；Chen et al., 2011）。

宗卓混杂岩： 灰绿色、灰黑色页岩夹大小不等的砂岩岩块。物源区分析显示，宗卓混杂岩中砂岩的物源区主要为冈底斯 (Wu et al., 2014；孙高远等，2011；周博等，2018)。

第 8 章　江孜县—浪卡子县—拉萨市（特提斯喜马拉雅沉积岩系——北带）

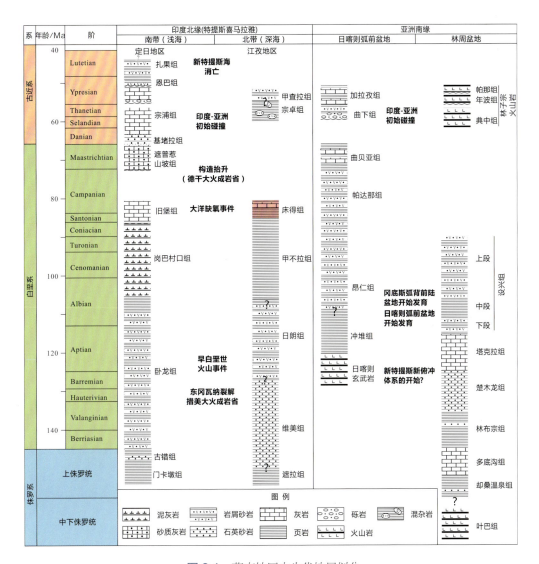

图 8-1　藏南地区中生代地层划分

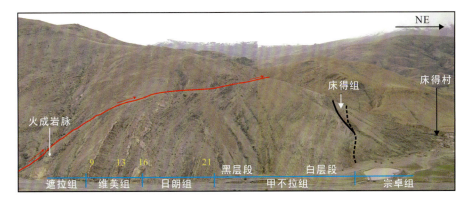

图 8-2　江孜床得剖面远观照片及地层划分

8.2 三叠系郎杰学群

在特提斯喜马拉雅北带东段（仁布—朗县一带），广泛分布一套三叠系未变质–浅变质的浊积岩，称为郎杰学群（图8-3）。根据地层中发现的菊石、双壳和腹足等化石组合以及碎屑锆石最年轻U-Pb年龄，郎杰学群的时代大体定为晚三叠世Norian期。长期以来，郎杰学群被归为喜马拉雅沉积分区（西藏地质矿产局，1993）。但最近的研究表明，郎杰学群的碎屑物质来源明显不同于典型的特提斯喜马拉雅地层，主要表现在：① 郎杰学群与特提斯喜马拉雅地层之间均为构造接触，未发现沉积接触；② 郎杰学群砂岩层底部槽模指示的古水流方向大体向南（李祥辉等，2003a），明显区别于碎屑物

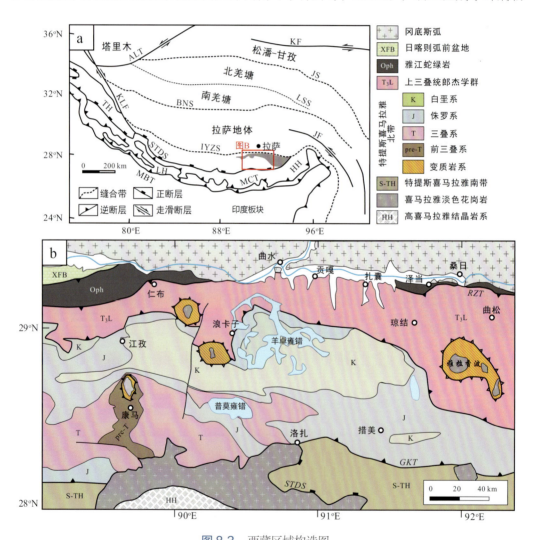

图8-3　西藏区域构造图
a. 青藏高原构造纲要图；b. 喜马拉雅东段地质图，显示郎杰学群分布位置
ALT. 阿尔金断裂；BNS. 班公湖–怒江缝合带；HH. 高喜马拉雅；IYZS. 印度河–雅鲁藏布缝合带；JF. 嘉黎断裂；JS. 金沙江缝合带；KF. 昆仑断裂；KLF. 喀喇昆仑断裂；LSS. 龙木措–双湖缝合带；LH. 低喜马拉雅；MBT. 主边界逆冲断裂；MCT. 主中央逆冲断裂；TH. 特提斯喜马拉雅；STDS. 藏南拆离系

总体由南向北搬运的特提斯喜马拉雅地层；③ 砂岩碎屑组分、重矿物组合以及全岩地球化学分析指示郎杰学群源自"再旋回造山带物源区"，而大部分喜马拉雅地层源自稳定的印度克拉通（李祥辉等，2004；曾庆高等，2009）；④ 全岩Nd同位素分析表明，郎杰学群较特提斯喜马拉雅地层的Nd同位素更亏损，指示新生地壳的源区（Dai et al., 2008）；⑤ 碎屑锆石U-Pb年龄分析发现，郎杰学群具有一组400~200 Ma的年龄（峰值在280~220 Ma，Aikman et al., 2008; Li et al., 2010），而这组年龄在特提斯喜马拉雅地层中并没有出现。

基于郎杰学群与特提斯喜马拉雅地层沉积特征的显著差异，不同学者提出了诸多模型来解释其成因（图8-4）。但这些模型均存在不同程度的缺陷。比如，一些研究基于郎杰学群较亏损的同位素特征，以及碎屑锆石分布和拉萨地体同期地层的对比，认为郎杰学群源自拉萨地体（图8-4a~c；Li et al., 2010，2014；Dai et al., 2008）。然而随着数据的积累，经细致对比发现，郎杰学群和拉萨地体同期地层存在明显的物源特征差异（图8-4）。Li等(2016)提出，郎杰学群除了拉萨地体之外，还包括洋岛、蛇绿岩甚至印度和澳大利亚的物源（图8-4d），但浊积岩作为事件性沉积，无法解释这些物源的混合。Cai等(2016)提出郎杰学群源自Papua西部，与Papua以及澳大利亚西北缘的三叠系属同一沉积体系，但细致对比发现，这些地区的地层的物源特征具有差异，而且很难相信如此小区域的物源可以充填如此大规模的沉积体系。

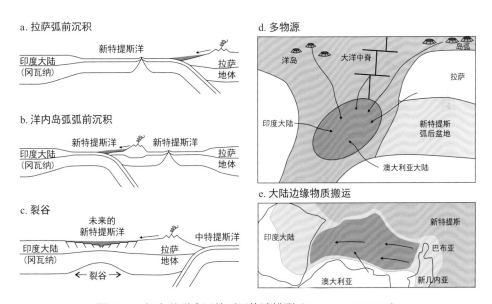

图8-4　郎杰学群成因的不同构造模型（Wang et al., 2016）

Wang 等（2016）对郎杰学群进行了进一步的研究工作，获得了新的物源区认识，包括：① 郎杰学群的古水流主体为西-北西西方向；② 郎杰学群砂岩含较多斜长石和火山岩岩屑，并包含与沉积年龄相近（约400~200 Ma）的年轻碎屑锆石，表明源区存在长期的岩浆活动，指示火山弧为可能物源区；③ 郎杰学群中400~200 Ma碎屑锆石的 Hf 同位素特征与澳大利亚东缘新英格兰岩基的花岗岩锆石相似（图 8-5）。综合这些特征，初步认为，澳大利亚东缘晚古生代—早中生代俯冲相关的岩浆岩是郎杰学群中约 400~200 Ma 锆石的物源区（图 8-6）。这一模型预言在三叠系时期，存在横跨东冈瓦纳的河流体系，需要进一步工作验证。孟中珺等（2019）的工作已证实，郎杰学群是印度大陆北缘原地沉积而非外来地体。

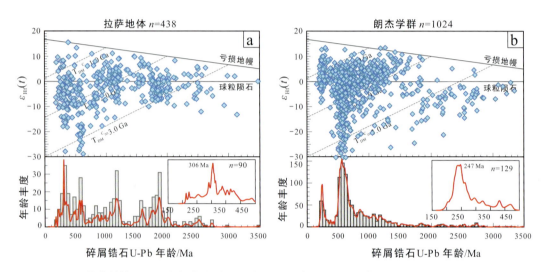

图 8-5　拉萨地体三叠系和郎杰学群碎屑锆石 U-Pb 年龄和 Hf 同位素对比（Wang et al., 2016)

图 8-6　郎杰学群横贯东冈瓦纳沉积物搬运模式图（Wang et al., 2016）

8.3 考察点

◉ 考察点1（28°57′47.0″N, 89°44′14.0″E）：床得村西侧床得组与宗卓混杂岩

床得剖面（床得组）是白垩纪大洋红层（CORBs）的命名地和白垩纪OAE事件研究的重要基地（图8-7）。床得组不整合在甲不拉组页岩之上，主要由泥灰岩、泥质岩和灰岩组成。宗卓混杂岩可以分为基质和岩块两部分。基质以强烈变形但未变质的页岩、粉砂质泥岩组成，岩块以砂岩、硅质岩为主，含少量的灰岩、玄武岩和砾岩。对宗卓混杂岩进行物源区分析表明，不管岩块还是基质均含有冈底斯的物质［如火山岩岩屑、具有正的 $\varepsilon_{Hf}(t)$ 值的白垩纪碎屑锆石］。床得剖面宗卓混杂岩的岩块以砂岩为主，少量玄武岩。砂岩岩块近顺层分布，显示其与下伏地层可能为不整合接触（图8-8）。

图8-7　床得组大洋红层野外照片（胡修棉提供）

图8-8　床得剖面宗卓混杂岩与下伏地层野外照片（孙高远提供）

◉ 考察点 2（29°9′5.01″N, 90°29′32.31″E）：羊卓雍错北侧朗杰学群

灰黑色板岩夹中厚层砂岩，地层被辉绿岩脉（措美大火成岩省）侵入（图 8-9）。

图 8-9　羊卓雍错郎杰学群野外照片

◉ 考察点 3（28°51′36.12″N, 91°38′23.20″E 附近）：琼结县南侧未变质郎杰学群

薄 – 厚层砂岩夹黑色页岩。砂岩为浊流沉积的产物，包含大量的槽模、鲍马序列（图 8-10）。

◉ 考察点 4（29°05′57.57″N, 91°42′26.38″E 附近）：琼结县与泽当之间浅变质的郎杰学群

地层由于靠近雅鲁藏布江缝合带，发生了明显的变质变形作用，地层原始产状难以分辨（图 8-11）。

图 8-10 琼结县南侧郎杰学群野外照片

a. 强烈褶皱的浊积岩地层远观照片；b. 浊积岩地层近照；c. 浊积砂岩底模构造；d. 浊积砂岩正粒序

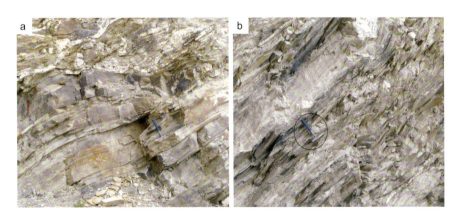

图 8-11 琼结县—泽当之间浅变质的郎杰学群野外照片

a. 弱变质、强烈变形的浊积岩；b. 板岩

参 考 文 献

胡修棉, 王成善, 李祥辉, 等, 2006. 藏南上白垩统大洋红层: 岩石类型、沉积环境与颜色成因. 中国科学: D辑, 36（9）: 811-821.

李祥辉, 王成善, 万晓樵, 等, 1999. 藏南江孜县床的剖面侏罗-白垩纪地层层序及地层划分. 地层学杂志, 23（4）: 303-309.

李祥辉, 曾庆高, 王成善, 2003a. 西藏南部郎杰学群碎屑物质来源的古水流证据. 地质论评, 49(2): 132-137.

李祥辉, 曾庆高, 王成善, 2003b. 西藏山南地区琼结南部上三叠统郎杰学群的沉积学岩相特征与浊积扇模式. 现代地质, 1:52-58.

李祥辉, 曾庆高, 王成善, 等, 2004. 西藏南部上三叠统朗杰学群物源分析. 沉积学报, 22(4): 553-559.

孟中玙, 王建刚, 纪伟强, 等, 2019. 藏东南郎杰学群是原地沉积而非外来地体——来自印度大陆北缘浅海相曲龙贡巴组沉积物源的证据. 中国科学: 地球科学, 49(5): 848-863.

孙高远, 胡修棉, 王建刚, 2011. 藏南江孜县白沙地区宗卓混杂岩: 岩石组成与物源区分析. 地质学报 85,1343-1351.

西藏地质矿产局, 1993. 西藏自治区区域地质志. 北京: 地质出版社, 450.

曾庆高, 李祥辉, 徐文礼, 等, 2009. 西藏仁布地区上三叠统重矿物组合与物源分析. 地质通报, 28(1): 38-44.

周博, 胡修棉, 安慰, 等, 2018. 印度-亚洲大陆碰撞初期的海沟沉积: 藏东南宗卓组沉积岩石学与物源分析. 地质学报 92, 1-14.

朱弟成, 王立权, 潘桂棠, 等, 2004. 藏南特提斯喜马拉雅带中段中侏罗统遮拉组OIB型玄武岩浆的识别及其意义. 地质科技情报, 23(3): 15-24.

Aikman A B, Harrison T M, Ding L, 2008. Evidence for Early (N44 Ma) Himalayan crustal thickening, Tethyan Himalaya, southeastern Tibet. Earth and Planetary Science Letters, 274: 14-23.

Cai F L, Ding L, Laskowski A K, et al., 2016. Late Triassic paleogeographic reconstruction along the Neo-Tethyan Ocean margins, southern Tibet. Earth Planet Science Letters, 435: 105-114.

Chen X, Wang C, Kuhnt W, et al., 2011. Lithofacies, microfacies and depositional environments of Upper Cretaceous oceanic red beds (Chuangde Formation) in southern Tibet. Sedimentary Geology 235, 100-110.

Dai J G, Yin A, Liu W C, et al., 2008. Nd isotopic compositions of the Tethyan Himalayan Sequence in southeastern Tibet. Science in China Series D: Earth Sciences, 51 (9): 1306-1316.

Hu X, Jansa L, Wang C, 2008. Upper Jurassic–Lower Cretaceous stratigraphy in south-eastern Tibet: A comparison with the western Himalayas. Cretaceous Research 29 (2), 301-315.

Hu X M, Wang C S, Jansa L, 2006. Upper Cretaceous oceanic red beds in southern Tibet: Lithofacies, environments, and colour origin. Science in China (D-Earth Sciences), 36: 811-821.

Li G W, Liu X H, Alex P, et al., 2010. In-situ detrital zircon geochronology and Hf isotopic analyses from Upper Triassic Tethys sequence strata. Earth and Planetary science letters, 297: 461-470.

Li G W, Sandiford M, Liu X H, et al., 2014. Provenance of Late Triassic sediments in central Lhasa Terrane, Tibet and its implication. Gondwana Research, 25: 1680-1689.

Li X H, Mattern F, Zhang C K, et al., 2016. Multiple sources of the Upper Triassic flysch in the eastern Himalaya Orogen, Tibet, China: Implications to palaeogeography and palaeotectonic evolution. Tectonophysics, 666: 12-22.

Li X H, Wang C S, Hu X M, 2005. Stratigraphy of deep-water Cretaceous deposits in Gyangze, southern Tibet, China. Cretaceous Research, 26: 33-41.

Wang C S, Hu X M, Jansa L, et al., 2005. Upper Cretaceous oceanic red beds in southern Tibet: A major change from anoxic to oxic condition. Cretaceous Research, 26: 21-32.

Wang J G, Wu F Y, Garzanti E, et al., 2016. Upper Triassic turbidites of the northern Tethyan Himalaya (Langjiexue Group): The terminal of a sediment-routing system sourced in the Gondwanide Orogen. Gondwana Research, 34: 84-98.

Wu F Y, Ji W Q, Wang J G, et al., 2014. Zircon U-Pb and Hf isotopic constraints on the onset time of India-Asia collision. American Journal of Science, 314(2): 548-579.

印度-亚洲大陆碰撞带野外地质考察指南

第 9 章　泽当—雅拉香波—打拉—确当—隆子县（淡色花岗岩）

刘小驰

9.1 喜马拉雅始新世岩浆作用

近年来研究发现，喜马拉雅地区除了广泛分布的渐新世—中新世淡色花岗岩外，还发育更早期的岩浆活动，即始新世中期花岗岩(Ding et al., 2005; Aikman et al., 2008; 戚学祥等, 2008; Zeng et al., 2011; Liu et al., 2014)。这些花岗岩岩石类型为二云母花岗岩，主要沿着雅鲁藏布江缝合带南缘分布，在空间上呈东西向带状展布，侵位于特提斯喜马拉雅北缘。由西至东包括普兰县东北部 Xiao Gurla Range (43.9 ± 0.9 Ma; Pullen et al., 2011)、仲巴县东北部纽库(44.8 ± 2.6 Ma; Ding et al., 2005)、仁布县东部然巴(约 44 Ma; Liu et al., 2014)和山南地区雅拉香波—打拉—确当—隆子一线(46~42 Ma; 表 9-1; 戚学祥等, 2008; Aikman et al., 2008, 2012a; Hou et al., 2012; Zeng et al., 2011, 2015)等多个地区。实际上，雅拉香波穹窿及周边新生代岩浆活动可分为三个阶段，其中始新世(约 44 Ma)的岩浆作用以二云母花岗岩为主，分布于雅拉香波核部、打拉、确当以及隆子县城附近。晚始新世(约 35)以白云母淡色花岗岩为主，分布于雅拉香波穹窿中部和边部，中新世(18~16 Ma)以含石榴石白云母淡色花岗岩为主并伴有大量伟晶岩，主要分布于雅拉香波穹窿边部（图 9-1）。

雅拉香波-打拉-隆子地区出露的高硅的花岗质岩石包括二云母花岗岩、淡色花岗岩以及淡色花岗斑岩三种类型，即这些侵入岩-次火山岩构成了贫晶体流纹质火山岩到富晶体花岗岩体系，同我国华南(王德滋和周金城, 2000)及世界上其他大规模高硅质火山侵入杂岩具有相似的特征(Bacon and Druitt, 1988; Hildreth, 1981)。这些始新世花岗岩同喜马拉雅广泛分布的渐新世—中新世淡色花岗岩是有所差别的，矿物学上这些二云母花岗岩的黑云母含量明显高于淡色花岗岩，且广泛含有较高的斜长石和帘石类矿物(Zeng et al., 2011)。有限的地球化学分析发现（图 9-2），始新世时期大部分花岗岩(如打拉、确当和然巴)与主体的淡色花岗岩有所不同，主要表现为较高的 CaO 和 Sr 的含量，并不出现显著的 Eu 负异常(Zeng et al., 2011; Liu et al., 2014)。

从同位素特征来看（图 9-3），它们也与主体淡色花岗岩不同，显示较低的初始 Sr 同位素和较高的 Nd 同位素比值。因此，始新世二云母花岗岩可能更接近原始岩浆成分(Zeng et al., 2015)。喜马拉雅淡色花岗岩较少伴随相关的镁铁质岩石，加之其明显的富铝特征及特殊的同位素组成，目前多认为该岩石主要来自高喜马拉雅沉积岩的部分熔融，

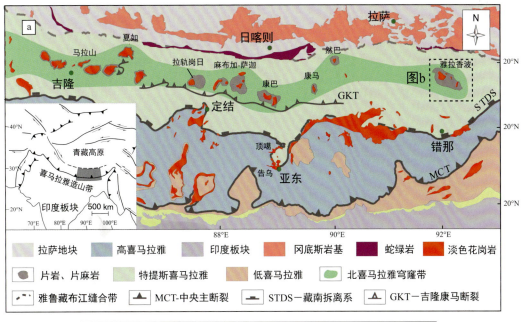

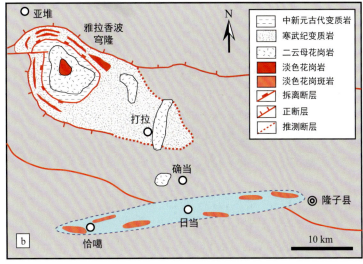

图 9-1 喜马拉雅造山带中段地质简图(a)和特提斯喜马拉雅雅拉香波－打拉－隆子地区地质简图(b)
(据 Zeng et al., 2015 修改)

即喜马拉雅淡色花岗岩属于 S 型花岗岩。对于二云母花岗岩的成因目前还具有较大争议，前人提出的可能成因模式包括印度加厚下地壳角闪岩的部分熔融 (Zeng et al., 2011)；加厚镁铁质下地壳部分熔融，并在中地壳与角闪岩熔体混合或与藏南中地壳混染 (Hou et al., 2012)；以及近于等量的冈底斯型岩浆与高喜马拉雅或特提斯喜马拉雅来源的岩浆混合 (Aikman et al., 2012b)。

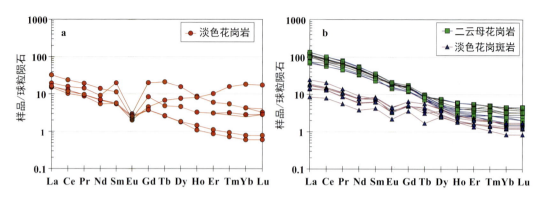

图 9-2　雅拉香波–打拉–隆子淡色花岗岩、二云母花岗岩和淡色花岗斑岩稀土元素配分图 (修改自 Zeng et al., 2015)

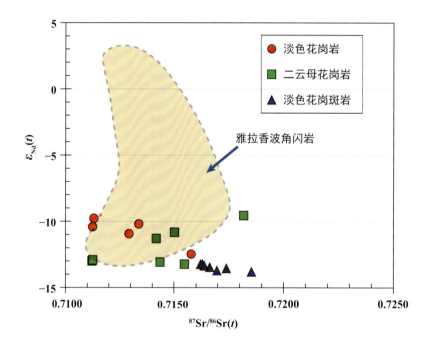

图 9-3　雅拉香波 – 打拉 – 隆子淡色花岗岩、
二云母花岗岩和淡色花岗斑岩 Sr-Nd 同位素图解 (修改自 Zeng et al., 2015)

9.2　雅拉香波穹窿

雅拉香波穹窿位于近东西向展布的特提斯喜马拉雅片麻岩穹窿最东端，自核部向边缘依次由高级变质岩系、中级变质岩系和沉积岩三个岩石单元及侵入的花岗岩–伟晶岩组成，这三个岩石单元被两条拆离断层所分割 (图 9-1；张进江等, 2007)。穹窿中岩石类型主要有角闪岩、石榴云母片岩、石榴片麻岩、二云母花岗岩和淡色花岗岩。高级变质岩峰期变质温压条件为 $650 \pm 30 \ ℃$，$9 \pm 1 \ kbar$ (Wang et al., 2018)。

其中岩浆岩主要由分布于穹窿核部面积约 140 km² 的二云母花岗岩体组成，在穹窿核部出露脉状或岩席状淡色花岗岩，在穹窿的中部和边部，淡色花岗岩以厚度不一的岩脉或岩墙方式侵入含石榴石云母片岩或片麻岩等围岩之中。

表 9-1　雅拉香波 - 打拉 - 隆子地区岩浆 - 变质作用年龄统计

岩体	岩石类型	方法	定年矿物	年龄/Ma	参考文献
雅拉香波	淡色花岗岩	U-Pb	锆石	35.3 ± 1.1	曾令森等, 2009
	石榴角闪岩	U-Pb	锆石	45.0 ± 1.0	高利娥等, 2011
	黑云母花岗质片麻岩	U-Pb	锆石	47.6 ± 1.8	高利娥等, 2011
	二云母花岗岩	U-Pb	锆石	42.6 ± 1.1	Zeng et al., 2011
	石榴斜长角闪岩	U-Pb	锆石	43.5 ± 1.3	Zeng et al., 2011
	淡色花岗岩	U-Pb	锆石	20.3 ± 1.9	Yan et al., 2011
	淡色花岗岩	$^{40}Ar/^{39}Ar$	白云母	13.0 ± 0.1	Yan et al., 2011
	石榴云母片岩	$^{40}Ar/^{39}Ar$	白云母	13.0 ± 0.2	Yan et al., 2011
	伟晶质花岗岩	$^{40}Ar/^{39}Ar$	白云母	13.5 ± 0.2	Yan et al., 2011
	斜长角闪岩	$^{40}Ar/^{39}Ar$	角闪石	18.0 ± 0.3	Yan et al., 2011
	白云母花岗岩	U-Pb	锆石	25.9 ± 0.3	王帅, 2013
	石榴石二云母花岗岩	U-Pb	锆石	17.9 ± 0.3	刘志超, 2013
	石榴石二云母花岗岩	U-Pb	独居石	17.4 ± 0.3	刘志超, 2013
	黑云母花岗岩	U-Pb	锆石	15.67 ± 0.50	吴珍汉等, 2014
	白云母花岗岩	U-Pb	锆石	35.00 ± 0.48	吴珍汉等, 2014
	长英质糜棱岩	U-Pb	锆石	44.16 ± 0.88	吴珍汉等, 2014
	二云母花岗岩	U-Pb	锆石	45.3 ± 1.1	吴珍汉等, 2014
	石榴二云片麻岩	U-Pb	锆石	44.4 ± 0.7	王帅, 2014
	含石榴石淡色花岗岩	U-Pb	锆石	43.3 ± 0.2	Zeng et al., 2015
	石榴石蓝晶石片岩	U-Pb	锆石	44.8 ± 1.1	Ding et al., 2016
	石榴石十字石片岩	U-Pb	锆石	46.7 ± 1.8	Ding et al., 2016
	石榴石十字石蓝晶石片岩	U-Pb	锆石	48.2 ± 2.0	Ding et al., 2016
	石榴石十字石蓝晶石片岩	U-Pb	锆石	42.5 ± 1.6	Ding et al., 2016
	石榴石蓝晶石片岩	U-Pb	锆石	42.0 ± 1.6	Ding et al., 2016
	石榴石十字石片岩	U-Pb	锆石	40.7 ± 2.4	Ding et al., 2016
	泥质片岩	U-Pb	独居石	17.3 ± 0.4	Wang et al., 2018
	泥质片岩	U-Pb	金红石	13.0 ± 0.6	Wang et al., 2018
	泥质片岩	U-Pb	独居石	17.7 ± 0.4	Wang et al., 2018
	泥质片岩	U-Pb	独居石	17.7 ± 0.4	Wang et al., 2018
	含石榴石淡色花岗岩	U-Pb	独居石	18.2 ± 0.3	Wang et al., 2018
	同构造淡色花岗岩岩脉	U-Pb	独居石	17.9 ± 0.3	Wang et al., 2018
	二云母花岗岩岩体	U-Pb	独居石	17.0 ± 0.2	Wang et al., 2018

续表

岩体	岩石类型	方法	定年矿物	年龄/Ma	参考文献
打拉	二云母花岗岩	U-Pb	锆石	24.7	夏斌等, 2007
	花岗岩	U-Pb	锆石	44.31±0.36	戚学祥等, 2008
	花岗岩	U-Pb	锆石	44.1±1.2	Aikn et al., 2008
	花岗岩	K-Ar	黑云母	31.5±0.3	Aikn et al., 2008
	花岗岩	K-Ar	黑云母	39.8±0.5	Aikn et al., 2008
	花岗岩	U-Pb	锆石	44.59±0.37	Hou et al., 2012
	花岗岩	$^{40}Ar/^{39}Ar$	黑云母	39.92±0.28	Hou et al., 2012
	二云母花岗岩	U-Pb	锆石	42.8±1.1	王帅, 2013
	似斑状二云二长花岗岩	U-Pb	锆石	43.5±1.1	刘志超, 2013
	二云母花岗岩	U-Pb	锆石	43.6±0.2 Ma	Zeng et al., 2015
	二云母花岗岩	U-Pb	锆石	44.5±1.4	李政林, 2016
	二云母花岗岩	U-Pb	锆石	44.2±0.97	李政林, 2017
	似斑状二云母花岗岩	U-Pb	独居石	43.0±0.4	Wang et al., 2018
确当	二云母花岗岩	U-Pb	锆石	42.8±0.6	Zeng et al., 2011
	花岗岩	U-Pb	锆石	46.2±0.5	Hou et al., 2012
	包体	U-Pb	锆石	45.4±0.5	Hou et al., 2012
	花岗岩	$^{40}Ar/^{39}Ar$	黑云母	44.53±0.32	Hou et al., 2012
	包体	$^{40}Ar/^{39}Ar$	黑云母	42.62±0.30	Hou et al., 2012
恰嘎	流纹质次火山岩	U-Pb	锆石	40.9	胡古月等, 2011b
	淡色花岗斑岩	U-Pb	锆石	41.4±0.2	Zeng et al., 2015
羊兄	花岗岩	U-Pb	锆石	46.5±0.7	Hou et al., 2012
	粗粒花岗岩	$^{40}Ar/^{39}Ar$	黑云母	40.72±0.32	Hou et al., 2012
	细粒花岗岩	$^{40}Ar/^{39}Ar$	黑云母	39.19±0.42	Hou et al., 2012
列麦	白云母花岗岩	U-Pb	锆石	48.5±1.1	田立明等, 2017

9.3　打拉二云母花岗岩岩体

打拉二云母花岗岩岩体位于雅拉香波穹窿的东南部，出露面积约 50 km²，岩体及围岩并未出现穹窿构造。围岩为早古生代板岩、千枚岩、变质石英砂岩、含砂大理岩。岩体与围岩接触关系清楚截然，局部可见围岩捕虏体。花岗岩具有似斑状结构和块状构造，在边部出现片麻状构造。该花岗岩与雅拉香波穹窿核部、邻近的确当、隆子县城东部的羊兄二云母花岗岩在矿物组成上类似，主要由石英、斜长石、钾长石、黑云母和白云母组成，形成时代约 44 Ma（谢克家等，2010; Zeng et al., 2011; Hou et al., 2012），全岩地球化学组成上，打拉花岗岩具有高的 Sr 含量和 Sr/Y 值、高 La/Yb 值、低 Y 及 HREE 亏损的特征，与埃达克质花岗岩类似，是较高压力条件下，以角闪岩为主的深部岩石部分熔融的结果。

9.4 隆子地区淡色花岗斑岩

隆子淡色花岗斑岩区位于雅拉香波穹窿南侧约 50 km² 处，东西延伸 50 km，南北延伸 10 km²，已发现恰嘎、日当和隆子县城 3 处的岩体规模较大，其他几处规模较小，属岩浆侵入作用的浅成–超浅成相。这套次火山岩由纤维状定向排列的基质和粒度较大的斑晶两部分组成。基质中的微小矿物颗粒表面浑浊，颗粒无晶面和晶棱，根据结晶程度定为霏细结构。这种粒径小于 2 mm 的细粒物质由长英质的纤维质及部分分散的玻璃质组成。基质具有典型的流动构造，基质柱状矿物呈定向排列，有微弱的条带和条纹相间结构。斑晶多属于中–粗粒结构的石英、白云母、绢云母和正长石。隆子淡色花岗斑岩中锆石获得的相对谐和的 U-Pb 年龄范围是 43~41 Ma（胡古月等，2011a; Zeng et al., 2015），与打拉以及雅拉香波二云母花岗岩形成时间一致。

9.5 考察点

● 考察点 1 (28°53′13.92″N, 91°57′15.78″ E)：热木纳村雅拉香波石榴石斜长角闪岩及石榴石黑云母片岩

该观察点可观察到在雅拉香波穹窿的边部，淡色花岗岩以厚度不等的岩脉或岩墙方式侵入含石榴石片岩或片麻岩中，并在顶部形成连续的岩席，它们共同组成向北拆离的岩片（图 9-4）。石榴角闪岩成透镜体状包裹在石榴石黑云母片岩中或以相对较厚夹层形式出现于黑云母片麻岩中，部分石榴石角闪岩为混合岩，包括淡色体和暗色体互层。这些石榴角闪岩主要由角闪石、斜长石、石榴子石、石英、黑云母、白云母以及少量的榍石、金红石、磷灰石和锆石组成，部分石榴子石发生了明显的退变质作用，边部围绕由黑云母、斜长石构成的后成合晶。曾令森等（2009）认为雅拉香波淡色花岗岩岩浆作用中，角闪岩脱水部分熔融作用要强于泥质片岩。在地壳增厚条件下，下地壳角闪岩的部分熔融可能是导致喜马拉雅造山带从缩短增厚向伸展垮塌转换的主要因素之一，混合岩化角闪岩发生部分熔融时间为 43.5 Ma（Zeng et al., 2011）。Ding 等

（2016）通过雅拉香波穹窿内部变泥质岩的岩石学及年代学认为，该穹窿的变质岩在早始新世（48~45 Ma）发生了中压变质，48~45 Ma 的变质年龄代表喜马拉雅造山带东部印度大陆俯冲的时代（Ding et al., 2016）。

图 9-4 雅拉香波穹窿强烈褶皱的黑云母花岗片麻岩及黑云母片岩（a），黑云母片岩及其中的角闪岩透镜体（b），含石榴石斜长角闪岩（c）和含石榴石黑云母片岩（d）

● 考察点 2 (28°50′9.84″N, 91°59′54.78″E)：雅拉香波穹窿伟晶岩

雅拉香波穹窿核部及中部以伟晶岩大规模出露为特征，区内出露多处白云母、水晶矿点，观察点为白云母伟晶岩，难以见到其寄主岩石，主要由石英、白云母、钾长石、斜长石组成，副矿物有磷灰石、电气石和石榴子石（图 9-5）。白云母为透明白色或茶色，偶见浅绿色。前人尚未对雅拉香波穹窿中的伟晶岩开展详细的年代学工作，与伟晶岩伴生的淡色花岗岩中独居石获得的 U-Th-Pb 年龄为 19~17 Ma（Wang et al., 2018）。这些伟晶岩与出露于雅拉香波穹窿核部的始新世二云母花岗岩的关系尚不明确。

图 9-5　雅拉香波穹窿（a）和白云母伟晶岩野外图（b）

● 考察点 3（28°37′47.52″N, 92°13′7.92″E）：打拉岩体二云母花岗岩

该观察点位于雅拉香波穹窿东南的打拉岩体中心，岩体侵入变质岩系及以页岩和砂岩为主的特提斯沉积岩系之中。打拉岩体岩石类型为二云母花岗岩，主体为花岗结构，少数为似斑状结构，主要矿物组成为黑云母、白云母、石英、钾长石和斜长石，以及少量磷灰石、锆石等副矿物（图 9-6）。这些花岗岩具有高的 Sr 含量和 Sr/Y 值、低 Y 及 HREE 亏损的特征，与埃达克质花岗岩类似，被认为是在较高压力条件下，以角闪岩为主的深部岩石部分熔融的结果 (Zeng et al., 2011)，部分熔融时间为约 44 Ma（戚学祥等, 2008; Zeng et al., 2011; Aikman et al., 2012; Hou et al., 2012)。

图 9-6　打拉二云母花岗岩岩体（a）和似斑状二云母花岗岩（b）

考察点 4 (28°23′58.62″N, 92° 8′49.92″E)：隆子县恰噶淡色花岗斑岩

该观察点可观察到隆子地区淡色花岗斑岩，这些淡色花岗斑岩以岩体和岩脉形式侵位于侏罗纪沉积岩系的砂岩和页岩之中，由纤维状定向排列的基质和粒度较大的斑晶两部分组成，基质具有流动构造，其中柱状矿物呈定向排列，有微弱的条带和条纹相间结构（图 9-7）。斑晶多属于中粒至粗粒结构的石英、白云母、绢云母和正长石。淡色花岗斑岩中锆石获得的 U-Pb 年龄范围是 43~41 Ma（胡古月等，2011a; Zeng et al., 2015），与打拉以及雅拉香波穹窿核部的二云母花岗岩形成时间一致。

图 9-7　隆子县恰噶淡色花岗斑岩及同侏罗纪砂页岩野外接触关系（a, b），淡色花岗斑岩野外照片（c）和淡色花岗斑岩镜下照片（d，可见石英及斜长石斑晶）

Q. 石英；Ms. 白云母；Pl. 斜长石

参 考 文 献

高利娥, 曾令森, 胡古月, 2010. 藏南确当地区高 Sr/Y 比值二云母花岗岩的形成机制及其构造动力学意义. 地质通报, 29(Z1):214-226..

高利娥, 曾令森, 刘静, 等, 2009. 藏南也拉香波早渐新世富钠过铝质淡色花岗岩的成因机制及其构造动力学意义. 岩石学报, 25: 2289-2302.

高利娥, 曾令森, 谢克家, 2011. 北喜马拉雅片麻岩穹窿始新世高级变质和深熔作用的厘定. 科学通报, 56: 3078-3090.

胡古月, 曾令森, 高利娥, 等, 2011a. 藏南隆子地区恰嘎流纹质次火山岩稀土元素类似四分组效应. 地质通报, 31: 82-94.

胡古月, 曾令森, 戚学祥, 等, 2011b. 藏南特提斯喜马拉雅带始新世隆子 - 恰嘎次火山岩区: 雅拉香波二云母花岗岩的高位岩浆体系. 岩石学报, 27:3308-3318.

刘志超, 2013. 喜马拉雅然巴淡色花岗岩时代与成因. 北京 : 中国科学院大学.

戚学祥, 曾令森, 孟祥金, 等, 2008. 特提斯喜马拉雅打拉花岗岩的锆石 SHRIMP U-Pb 定年及其地质意义. 岩石学报, 24: 1501-1508.

石耀霖, 王其允, 1997. 高喜马拉雅淡色花岗岩形成的热模拟. 地球物理学报, 40: 667-676.

田立明, 郑有业, 郑海涛, 2017. 特提斯喜马拉雅带东段列麦白云母花岗岩年代学及成因. 地质学报, 992-1006.

王德滋, 周金城, 2000. 中国东南部晚中生代花岗质火山—侵入岩特征与成因. 高校地质学报, 6: 487-498.

王帅, 2013. 北喜马拉雅雅拉香波地区多期岩浆事件及其构造意义. 武汉 : 中国地质大学 (武汉).

吴福元, 刘志超, 刘小驰, 等, 2015. 喜马拉雅淡色花岗岩. 岩石学报, 31: 1-36.

吴珍汉, 叶培盛, 吴中海, 等, 2014. 特提斯喜马拉雅构造带雅拉香波穹窿构造热事件 LA-ICP-MS 锆石 U-Pb 年龄证据. 地质通报, 33: 595-605.

夏斌, 韦振权, 张玉泉, 等, 2007. 西藏南部打拉二云母花岗岩锆石 SHRIMP 定年及其地质意义. 地质论评, 53: 403-406.

谢克家, 曾令森, 刘静, 等, 2010. 西藏南部晚始新世打拉埃达克质花岗岩及其构造动力学意义. 岩石学报, 26: 1016-1026.

杨雄英, 张进江, 戚国伟, 等, 2009. 吉隆盆地周缘构造变形特征及藏南拆离系启动年龄. 中国科学 : D 辑, 39(18): 1128-1139.

曾令森, 刘静, 高利娥, 等, 2009. 藏南也拉香波穹窿早渐新世地壳深熔作用及其地质意义. 科学通报, 54, 104-112.

张进江, 郭磊, 张波, 2007. 北喜马拉雅穹窿带雅拉香波穹窿的构造组成和运动学特征. 地质科学, 42(1): 16-30.

Aikman A B, Harrison T M, Lin D, 2008. Evidence for Early (> 44 Ma) Himalayan Crustal Thickening, Tethyan Himalaya, southeastern Tibet. Earth and Planetary Science Letters, 274(1-2): 14-23.

Aikman A B, Harrison T M, Hermann J, 2012a. Age and thermal history of Eo- and Neohimalayan granitoids, eastern

Himalaya. Journal of Asian Earth Sciences, 51: 85-97.

Aikman A B, Harrison T M, Hermann J, 2012b. The origin of Eo- and Neo-himalayan granitoids, Eastern Tibet. Journal of Asian Earth Sciences, 58: 143-157.

Arndt N T, 2013. The formation and evolution of the continental crust. Geochemical Perspectives, 2: 405-405.

Bachmann O, Bergantz G W, 2004. On the origin of crystal-poor rhyolites: extracted from batholithic crystal mushes. Journal of Petrology, 45: 1565-1582.

Bachmann O, Deering C D, Lipman P W, 2014. Building zoned ignimbrites by recycling silicic cumulates: Insight from the 1,000 km3 Carpenter Ridge Tuff, CO. Contributions to Mineralogy and Petrology, 167: 1-13.

Bacon C R, Druitt T H, 1988. Compositional Evolution of the Zoned Calcalkaline Magma Chamber of Mount-Mazama, Crater Lake, Oregon. Contributions to Mineralogy and Petrology, 98(2): 224-256.

Castro A, 2013. Tonalite–granodiorite suites as cotectic systems: A review of experimental studies with applications to granitoid petrogenesis. Earth-Science Reviews, 124: 68-95.

Ding H, Zhang Z, Dong X, et al., 2016. Early Eocene (c. 50 Ma) collision of the Indian and Asian continents: Constraints from the North Himalayan metamorphic rocks, southeastern Tibet. Earth and Planetary Science Letters, 435: 64-73.

Ding L, Kapp P, Wan X Q, 2005. Paleocene–Eocene record of ophiolite obduction and initial India-Asia collision, south central Tibet. Tectonics, 24: TC3001.

Gansser A, 1964. The Geology of the Himalayas. Geographical Journal, 289.

Gao L E, Zeng L, Asimow P D, 2017. Contrasting geochemical signatures of fluid-absent versus fluid-fluxed melting of muscovite in metasedimentary sources: The Himalayan leucogranites. Geology, 45: 39-42.

Hildreth W, 1981. Gradients in silicic magma chambers: Implications for lithospheric magmatism. Journal of Geophysical Research: Solid Earth, 86(B11): 10153-10192.

Hou Z Q, Zheng Y C, Zeng L S, et al., 2012. Eocene-Oligocene granitoids in southern Tibet: Constraints on crustal anatexis and tectonic evolution of the Himalayan orogen. Earth and Planetary Science Letters, 349: 38-52.

Ji W Q, Wu F Y, Chung S L, et al., 2016. Eocene Neo-Tethyan slab breakoff constrained by 45 Ma oceanic island basalt–type magmatism in southern Tibet. Geology, 44: 283-286.

Kohn M J, Parkinson C D, 2002. Petrologic case for Eocene slab breakoff during the Indo-Asian collision. Geology, 30: 591-594.

Le Fort P, 1973. Les leucogranites à tourmaline de l'Himalaya sur l'exemple du granite du Manaslu (Népal central). Bulletin De La Societe Geologique De France, S7-XV(5-6): 555-561.

Lee C T A, Morton D M, 2015. High silica granites: Terminal porosity and crystal settling in shallow magma chambers. Earth and Planetary Science Letters, 409: 23-31.

Liu Z C, Wu F Y, Ji W Q, et al., 2014. Petrogenesis of the Ramba leucogranite in the Tethyan Himalaya and constraints on the channel flow model. Lithos, 208-209: 118-136.

Mo X X, Niu Y L, Dong G C, et al., 2008. Contribution of syncollisional felsic magmatism to continental crust growth: A case study of the Paleogene Linzizong volcanic Succession in southern Tibet. Chemical Geology, 250: 49-67.

Nabelek P I, Liu M, 2004. Petrologic and thermal constraints on the origin of leucogranites in collisional orogens. Earth and Environmental Science Transactions of the Royal Society of Edinburgh, 95: 73-85.

Prince C, Harris N, Vance D, 2001. Fluid-enhanced melting during prograde metamorphism. Journal of the Geological Society, 158: 233-241.

Read H, 1948. Granites and granites. Geological Society of America Memoirs, 28: 1-20.

Searle M, Parrish R, Hodges K, et al., 1997. Shisha Pangma leucogranite, South Tibetan Himalaya: Field relations, geochemistry, age, origin, and emplacement. The Journal of geology, 105: 295-318.

Tapponnier P, Peltzer G, Armijo R, 1986. On the mechanics of the collision between India and Asia. Geological Society, London, Special Publications, 19: 113-157.

Wang J M, Wu F Y, Rubatto D, et al., 2018. Early Miocene rapid exhumation in southern Tibet: Insights from P–T–t–D–magmatism path of Yardoi dome. Lithos, 304-307: 38-56.

Wilson M, 1993. Magmatic differentiation. Journal of the Geological Society, 150: 611-624.

Wolff J A, Ellis B S, Ramos F C, et al., 2015. Remelting of cumulates as a process for producing chemical zoning in silicic tuffs: A comparison of cool, wet and hot, dry rhyolitic magma systems. Lithos, 236-237: 275-286.

Yan D P, Zhou M F, Robinson P T, et al., 2011. Constraining the mid-crustal channel flow beneath the Tibetan Plateau: Data from the Nielaxiongbo gneiss dome, SE Tibet. International Geology Review, 54(6): 615-632.

Yin A, 2006. Cenozoic tectonic evolution of the Himalayan orogen as constrained by along-strike variation of structural geometry, exhumation history, and foreland sedimentation. Earth-Science Reviews, 76: 1-131.

Zeng L S, Gao L E, Xie K J, 2011. Mid-Eocene high Sr/Y granites in the Northern Himalayan Gneiss Domes: Melting thickened lower continental crust. Earth and Planetary Science Letters, 303: 251-266.

Zeng L S, Gao L E, Tang S H, et al., 2015. Eocene magmatism in the Tethyan Himalaya, southern Tibet. Geological Society, London, Special Publications, 412: 287-316.

Zhang H F, Harris N, Parrish R, et al., 2004. Causes and consequences of protracted melting of the mid-crust exposed in the North Himalayan antiform. Earth and Planetary Science Letters, 228: 195-212.

印度-亚洲大陆碰撞带野外地质考察指南

第10章 泽当镇—罗布莎
（雅鲁藏布江缝合带东段蛇绿岩）

张亮亮　张　畅　刘传周

10.1 雅鲁藏布江缝合带东段蛇绿岩

雅鲁藏布东段蛇绿岩位于泽当及其以东地区（图10-1），其中以泽当和罗布莎剖面出露较好。朗县及以东地区的蛇绿岩出露有限，多以混杂岩的形式出露，而且岩石蚀变严重，目前的研究非常有限（张万平等，2011a，2011b）。与日喀则蛇绿岩剖面的特征不同，泽当蛇绿岩的橄榄岩出露于剖面的北侧，向南出现辉绿岩和硅质岩。前人在其混杂岩的硅质岩团块中鉴定出晚三叠世的放射虫（王玉净等，2002），从而认为雅鲁藏布-特提斯洋可能在中生代早期就已经打开。在罗布莎地区，出露的岩石主要为橄榄岩，辉绿岩-

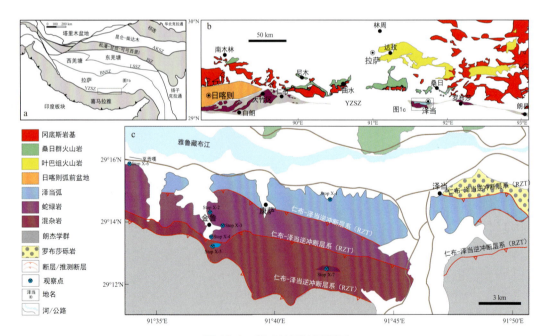

图10-1 泽当地区地质简图

a. 青藏高原地质简图，标明了泽当蛇绿岩所处的位置，修改自 Zhu 等（2013）；b. 藏东南岩浆岩及蛇绿岩地质简图，泽当位于拉萨东南，修改自朱弟成等（2008）；c. 泽当地区地质简图，修改自 Yin 等（1999）和 Aitchison 等（2000）
AKSZ. 阿尼玛卿缝合带；JSZ. 金沙江：金沙江缝合带；LSSZ. 龙木措-双湖缝合带；BNSZ. 班公湖-怒江缝合带；
YZSZ. 雅鲁藏布江缝合带

辉长岩、玄武岩和硅质岩出露规模有限，并且辉长岩和辉绿岩以岩脉形式侵入橄榄岩中，玄武岩和硅质岩位于橄榄岩的北侧，规模较小。

在罗布莎蛇绿岩中，值得关注的是铬铁矿的产生。罗布莎铬铁矿矿床是我国重要的铬铁矿来源矿床。实际上，我国的铬铁矿95%依赖进口，而在仅有的国内供给的5%中，有95%来自罗布莎。目前关于铬铁矿的成因还存在很大的争议，Zhou等（1996）提出罗布莎蛇绿岩可能位于地幔楔的位置，铬铁矿的形成与玻安质岩浆的交代作用有关；但也有部分学者持不同意见，鲍佩声（2009）提出罗布莎铬铁矿的成因可能与原始地幔高程度部分熔融有关；而史仁灯等（2012）则认为铬铁矿的形成与古老的大陆岩石圈地幔有关。罗布莎蛇绿岩另外一个值得关注的方面是高压-超高压矿物的发现（方青松和白文吉，1981；Yang et al.，2007）。自1981年在该岩体中首次报道有金刚石等特殊矿物以来，经过近40年的研究，越来越多的深部来源矿物以及原位高压矿物得到了厘定，而且在雅鲁藏布江缝合带中的不同蛇绿岩剖面均有报道（Yang et al.，2014）。这些高压-超高压矿物的发现，不仅可以为研究蛇绿岩的成因提供新的线索，还可以促进对地球深部以及板块构造演化的认识。部分学者认为这些超高压矿物产自地幔深部，通过地幔柱上升到地表（Yang et al.，2014）；也有部分学者持不同的观点，蛇绿岩和超高压矿物是洋壳俯冲到深部，经历高压-超高压变质作用的结果（Zhou et al.，2014；Griffin et al.，2016）。

10.2 泽当蛇绿岩金鲁剖面

泽当蛇绿岩位于西藏南部山南地区泽当镇以西（图10-1b, c），东西延伸约20 km，西段最宽处约4 km，东段较窄处约1 km，出露面积约45 km²（周云生等，1981；夏代祥和刘世坤，1993）。经典剖面包括金鲁、马玉、康萨和拉玉等剖面。蛇绿岩带北侧为泽当弧地体，再往北为冈底斯花岗岩和相关火山岩系（桑日群和叶巴组）；南侧为混杂堆积，再往南为三叠纪复理石沉积——朗杰学群；仁布-泽当逆冲断层系（RZT）将它们相互分隔（Harrison et al.，2000）。蛇绿岩东侧为罗布莎砾岩（Davis et al.，2002），形成时代为中新世（DeCelles et al.，2011）。从南至北依次为朗杰学群、泽当混杂堆积、泽当蛇绿岩，泽当弧地体。

本次考察的重点对象是泽当蛇绿岩西侧的金鲁剖面（图10-2），它是泽当蛇绿岩中岩石单元出露最完整的剖面，呈南北向分布，全长约7 km，自南向北分别为被动陆缘沉积、混杂堆积、蛇绿岩和火山弧。最南部为三叠系朗杰学群姐德秀组，由彩色燧石岩夹粉砂质板岩，泥质砂岩，杂砂岩夹板岩、灰岩透镜体组成。朗杰学群北侧为泽当混杂堆积，二者呈断层接触。混杂堆积由含砾砂岩和板岩构成的复理石夹燧石岩、火山岩块等组成。再向北为泽当蛇绿岩，混杂堆积逆冲于之上。蛇绿岩自南向北依次为辉绿/辉长岩，辉石岩，蛇纹石化橄榄岩，方辉橄榄岩和二辉橄榄岩，方辉橄榄岩内有呈脉状

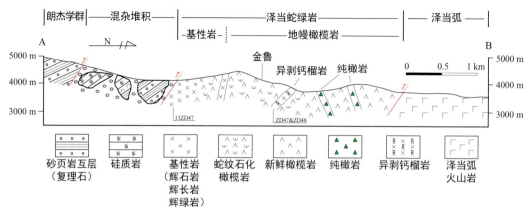

图 10-2 泽当蛇绿岩金鲁剖面
从南至北依次为朗杰学群、泽当混杂堆积、泽当蛇绿岩、泽当弧地体

穿插的纯橄岩。最北面，二辉橄榄岩逆冲于泽当弧火山岩之上，其主体为一套玄武质到玄武安山质的弧型火山岩。

金鲁蛇绿岩剖面总体的特点是地幔橄榄岩段厚，镁铁质岩段薄，不同单元间呈逆冲断层接触。蛇纹石化橄榄岩段，发育大量呈脉状、透镜状或浸染状的异剥钙榴岩。金鲁剖面未见到熔岩部分，也不发育堆晶岩，辉长岩/辉绿岩大多以侵入体的形式存在。泽当蛇绿岩中的熔岩主要出露于泽当至贡嘎的公路南侧，未观察到其与蛇绿岩其他地质单元的关系。此外，位于泽当蛇绿岩东侧的拉玉剖面发育斜长花岗岩，呈脉状侵入蛇纹石化橄榄岩之中。

10.3 罗布莎蛇绿岩

罗布莎蛇绿岩剖面总体呈东西方向分布，西起尼色拉经罗布莎、香卡山、康金拉至加查县康莎，全长约 40 km，最宽处达 3.7 km，面积约为 70 km^2（图 10-3）。罗布莎蛇绿岩底部向北逆冲推覆在古近纪—新近纪罗布莎砾岩之上，而其南侧则被沉积在印度被动大陆边缘的上三叠统复理石地层逆冲推覆，显微构造分析指示两条逆冲断层均为 SW-NE 向（梁凤华等，2011）。罗布莎蛇绿岩出露的岩石单元以地幔橄榄岩为主，分为北侧的纯橄岩－低辉方辉橄榄岩相带和南侧的方辉橄榄岩相带（图 10-3）。纯橄岩－低辉方辉橄榄岩相带赋存丰富的铬铁矿矿体，是铬铁矿的主要成矿带。在橄榄岩的北侧，就是所谓的堆晶杂岩带，分为"上杂"和"下杂"（张浩勇等，1996；王希斌等，2010；王希斌等 1987）。"上杂"位于堆晶杂岩带的南侧，其南侧又与橄榄岩直接接触，延伸有限，主要的岩石类型包括纯橄岩、异剥橄榄岩、辉石岩；而"下杂"位于北侧，厚度大，延伸稳定，岩石组合中辉长岩明显增多（张浩勇等，1996）。在堆晶杂岩带和罗布莎砾岩之间为蛇绿混杂岩带，其基质为蛇纹岩，团块中可见到大量的斜长角闪岩、条带状硅质岩、异剥钙榴岩、辉绿辉长岩和强烈肢解的火山岩等。罗布莎斜长角闪岩与中段日喀则蛇绿岩相比，未见石榴子石。罗布莎剖面被认为是一个被构造肢解的半完整的蛇绿岩，其上部其他的所有单元（玄武岩、辉绿岩墙群等）几乎消失殆尽，仅在蛇绿岩块体北侧边缘的混杂岩带中尚可偶见小的外来岩块（王希斌等，2010，1987）。根据经典蛇绿岩剖面橄榄岩在下、堆晶岩在上的层序特征，推测出罗布莎蛇绿岩发生过南北向的倒转。但我们在野外可以观察发现，这些所谓的堆晶岩实际上依然是侵入橄榄岩或蛇纹岩之中的辉长辉绿岩。这些辉绿岩脉在橄榄岩中分散分布，产状多变，矿物粒度变化大。在一些岩脉中，发育有明显的冷凝边结构，并可见到蛇纹岩的捕房体。在部分辉长岩脉中，还可出现结晶分异产生的由橄长岩变化到辉长岩的条带状构造和伟晶辉长岩。

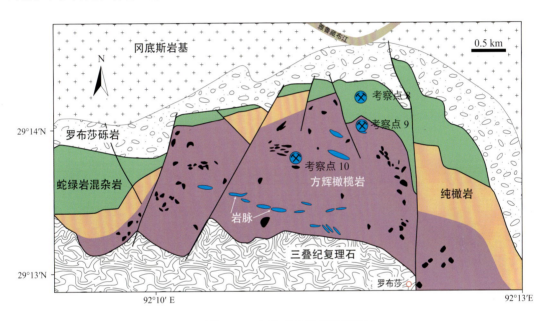

图 10-3　罗布莎蛇绿岩地质简图

10.4　考察点

● 考察点 1（29°14.613′ N，91°41.264′ E）：泽当弧

泽当弧地体位于泽当蛇绿岩北侧，东西延伸约 12 km，西段较窄处约 1 km，东段最宽处约 3 km，出露面积约 25 km²。泽当弧与泽当蛇绿岩间呈断层接触，泽当蛇绿岩沿仁布 - 泽当逆冲断层系向北逆冲于泽当弧之上（图 10-4）。泽当弧长期以来被认为是蛇绿岩中的熔岩段 (Hébert et al., 2012; Dai et al., 2013)。Aitchison 等 (2000) 最早将其从蛇绿岩中分离出来，并认为其形成于洋内岛弧背景（Aitchison et al., 2007a）。它的主体岩性为一套玄武质到玄武安山质的火山岩，夹有后期侵入的堆晶辉长岩和含角闪石辉长岩，少量花岗闪长岩和英云闪长岩侵入其中。

图 10-4　泽当蛇绿岩沿 RZT 逆冲于泽当弧之上

该点位于从贡嘎到泽当的公路旁南侧的一个采石场工地旁，发育了泽当弧地体中几乎所有岩石类型。主体为一套玄武岩，被脉状英云闪长岩侵入；此外，还发育少量堆晶岩，花岗闪长岩呈脉状侵入其中（图 10-5）。堆晶岩的类型包括角闪石岩、含角闪石辉长岩和辉长岩。

图 10-5　泽当弧岩石组合
a. 英云闪长岩侵入玄武岩；b. 花岗闪长岩侵入辉长岩；c. 玄武安山岩；d. 带气孔的玄武岩

McDermid 等 (2002) 对泽当弧中的火山岩进行锆石 U-Pb 和角闪石 $^{40}Ar/^{39}Ar$ 定年，获得约 152~163 Ma 的年代学结果。王莉等（2012）对其中的花岗闪长岩进行锆石 U–Pb 定年，结果为 157.5±1.4 Ma。Zhang 等 (2014) 选取其中的安山岩、堆晶岩和花岗质侵入岩分别进行了锆石 SIMS U–Pb 定年，其结果为约 155~160 Ma。从不同研究者对泽当弧系统的年代学工作结果来看，泽当弧不同岩性的岩石年龄近乎一致，均为晚侏罗世。

Aitchison 等 (2007a) 对泽当弧内的火山岩进行了主微量元素的地球化学工作，并认为其形成于洋内岛弧背景，并据此提出了印度-亚洲的弧-陆碰撞模型（Aitchison et al., 2007b）。即印度大陆在约 55 Ma 首先与泽当弧所代表的洋内岛弧碰撞，然后这一复合块体在约 34 Ma 时与欧亚大陆碰撞。Zhang 等 (2014) 对泽当弧岩浆岩重新进行了系统的地质学和地球化学工作，指出 Aitchison 等 (2007a) 将泽当弧主要火山岩识别为钾玄质火山岩（shoshonite）并以此作为判定其形成于洋内岛弧的结论可能存在问题，通过地球化学指标和与区域上的叶巴组火山岩对比，其更倾向于认为泽当弧地体为冈底斯弧的一部分，而不是所谓的洋内岛弧（图 10-6）。

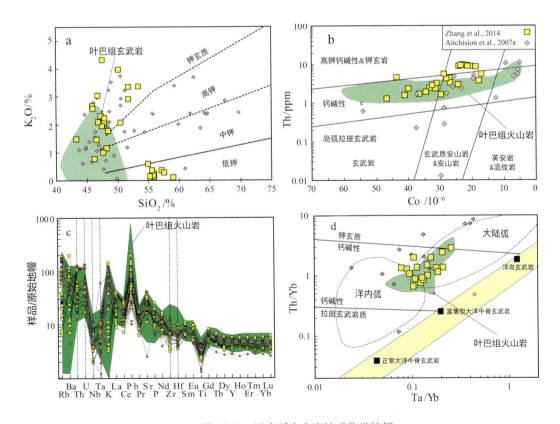

图 10-6　泽当弧火山岩地球化学特征

a. 泽当弧火山岩 SiO_2-K_2O 图解；b. 泽当弧火山岩 Th-Co 图解；c. 泽当弧火山岩微量元素蜘蛛图解；d. 泽当弧火山岩 Th/Yb-Ta/Yb 判别图解

考察点 2（29°13.669′ N, 91°37.224′ E）：新鲜橄榄岩

地幔橄榄岩是金鲁蛇绿岩剖面的主体（图 10-7a），整个橄榄岩体长约 20 km，宽 2~4 km。北部的新鲜橄榄岩内主要岩石类型为方辉橄榄岩和二辉橄榄岩，含有少量纯橄岩和辉石岩条带。方辉橄榄岩出露在整个岩体南侧，与蛇纹岩渐变接触，较新鲜，表面风化呈褐黄色。该点位可观察到方辉橄榄岩内含有辉石岩和纯橄岩条带：辉石岩条带岩石类型为斜方辉石岩，宽 2~3 cm，粒细（图 10-7d），纯橄岩条带较宽，10~50 cm

图 10-7　泽当地幔橄榄岩野外产状

a. 金鲁蛇绿岩剖面全景，镜头向北，自南至北依次出现辉长岩、蛇纹岩、新鲜的橄榄岩、泽当弧、雅鲁藏布江和冈底斯；b. 蛇纹石化橄榄岩中呈透镜状的异剥钙榴岩；c. 蛇纹石化橄榄岩中呈网脉状的异剥钙榴岩；d. 方辉橄榄岩中的辉石岩脉；e. 与方辉橄榄岩接触的脉状纯橄岩；f. 纯橄岩表明呈斑点状分布的铬铁矿；g. 二辉橄榄岩

不等（图 10-7e），其表面有呈斑点状或浸染状的铬铁矿发育（图 10-7f）。该点向北逐渐过渡为二辉橄榄岩，二辉橄榄岩在新鲜橄榄岩中占比较大（图 10-7g），相比方辉橄榄岩其中无辉石岩或纯橄岩条带发育。二辉橄榄岩向北逆冲于泽当弧地体之上（图 10-7a）。

● 考察点 3（29°13.270′ N, 91°37.960′ E）：蛇纹石化橄榄岩和异剥钙榴岩

该点位于金鲁蛇绿岩剖面的南侧，主要出露蛇纹石化橄榄岩，与北侧新鲜的方辉橄榄岩呈渐变接触。在蛇纹岩内部经常可见呈透镜状（图 10-7b）或网脉状侵入的（图 10-7c）的异剥钙榴岩出露，应该为镁铁质岩侵入橄榄岩后蛇纹石化的产物。该点向南可观察到辉长/辉绿岩逆冲于蛇纹石化橄榄岩之上（图 10-8a），在二者接触附近也有少量辉长辉绿岩侵入蛇纹岩中（图 10-8b）。

图 10-8 泽当辉长岩/辉绿岩野外产状

a. 辉长岩逆冲于蛇纹石化橄榄岩之上；b. 辉长岩侵入蛇纹石化橄榄岩，沿侵入界面发育断层；c. 辉绿岩侵入辉长岩；
d. 辉长岩内的二辉石岩脉；e. 细粒结构的辉长岩及其中的碳酸盐脉；f. 闪石化的辉石岩

考察点 4（29°12.922′N, 91°37.239′E）：镁铁质侵入岩

金鲁蛇绿岩剖面中的镁铁质岩段较薄，与其北侧的蛇纹石化橄榄岩呈逆冲（图 10-8a）或侵入接触（图 10-8b），与其南侧混杂堆积中的硅质岩呈断层接触（图 10-9a）。金鲁蛇绿岩剖面各个地点均无堆晶辉长岩或席状岩墙群发现。其中辉绿岩出露较少，主要呈脉状侵入辉长岩中（图 10-8c）；在拉玉还可见到直接侵入蛇纹石化橄榄岩中的辉绿岩，与蛇纹岩接触部位发育冷凝边，单个脉宽 10~70 cm。该点可以观察辉长岩侵入蛇纹岩中，沿侵入界面有断层发育（图 10-8a, b），整体呈块状构造（图 10-8d），细粒结构（图 10-8e），中间常见二辉石岩岩脉（图 10-8d）或碳酸盐脉（图 10-8e），辉石大多已经闪石化（图 10-8f）。对该处的辉长岩和前一个点位中的异剥钙榴岩进行的锆石 SIMS U-Pb 定年结果都显示其形成于早白垩世（132~130 Ma）（图 10-9a~c），与雅鲁藏布蛇绿岩中段和西段的其他剖面形成时代一致。

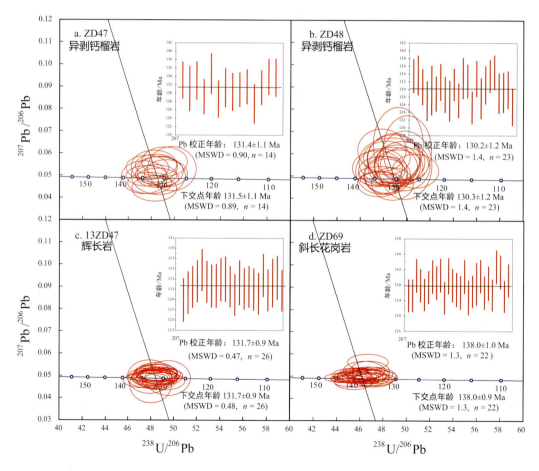

图 10-9　泽当蛇绿岩锆石 U-Pb 年龄谐和图
a, b. 异剥钙榴岩；c. 辉长岩；d. 斜长花岗岩

考察点 5（29°12.718′N, 91°37.260′E）：泽当混杂堆积

泽当混杂堆积位于金鲁蛇绿岩剖面南侧，沿仁布－泽当逆冲断层系逆冲于蛇绿岩之上（图 10-2），与蛇绿岩中的辉长岩直接接触（图 10-10a）。该套混杂堆积基质为页岩，岩块为硅质岩（图 10-10b）、硅质复理石（图 10-10c）、硅质页岩及少量火山岩（图 10-10d）。火山岩岩块的岩石学和地球化学特征均与北侧泽当弧火山岩类似（图 10-11），可能是后期构造变动结果。硅质岩块中曾鉴定出晚三叠世放射虫（高洪学和宋子季，1995；王玉净和松冈笃，2002），其形成时代可一直持续到中白垩世 (Aitchison et al., 2000; Ziabrev et al., 2004)。硅质复理石中含砾砂岩的镜下鉴定表明，其主要成分为镁铁质火山岩，其次为硅质岩、蛇纹石化橄榄岩，另外，岩石中出现少量石英和斜长石，石英多呈港湾状，明显来自于火山岩源区（图 10-12）。对复理石中的含砾砂岩的碎屑锆石 U-Pb 定年结果显示，两件样品均有早白垩世的峰期年龄，其中一件样品出现早侏罗世的年龄峰（图 10-13）。

图 10-10　泽当混杂堆积野外特征及岩石类型

a. 泽当混杂堆积中的硅质岩与金鲁蛇绿岩剖面中的辉长岩呈断层接触；b. 泽当混杂堆积中的硅质岩块；c. 泽当混杂堆积中的复理石，碎屑岩为含砾砂岩；d. 泽当混杂堆积中的火山岩岩块，其特征与泽当弧火山岩类似

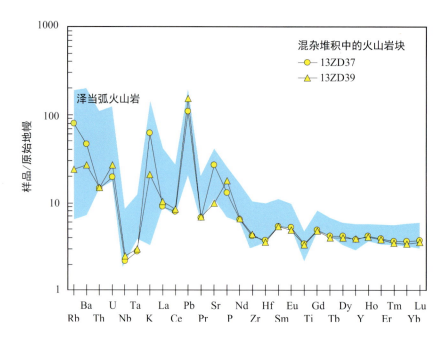

图 10-11 泽当混杂堆积中火山岩地球化学性质
原始地幔标准化微量元素图解，原始地幔值引自 Sun 和 McDonough（1989）

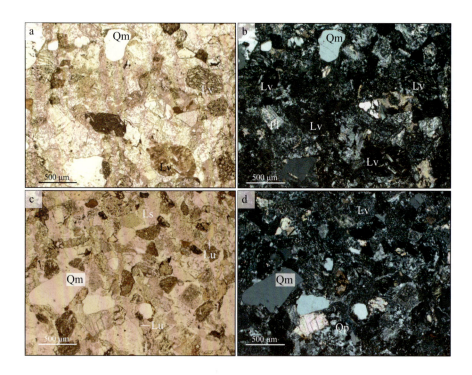

图 10-12 泽当混杂堆积中含砾火山岩屑杂砂岩显微照片
a, c 为单偏光下照片；b, d 为对应的正交偏光下照片
Qm. 单晶石英；Qp. 多晶石英；Lv. 火山岩及基性岩岩屑；Ls. 沉积岩岩屑；Lu. 超基性岩岩屑

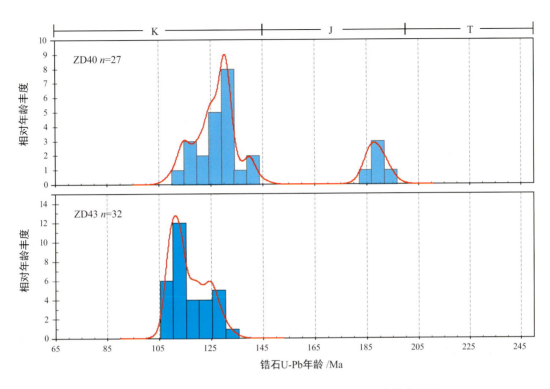

图 10-13　泽当混杂堆积中含砾砂岩碎屑锆石 U-Pb 年龄分布图

● 考察点 6（29°15.898′N, 91°28.359′E）：泽当蛇绿岩镁铁质熔岩

泽当蛇绿岩中的镁铁质熔岩主要出露于泽当至贡嘎的公路旁，目前对其详细的出露情况及与蛇绿岩其他单元的关系尚不清楚，推测可能是仁布-泽当逆冲断层系将其从蛇绿岩南侧逆冲推覆至此。镁铁质熔岩主要岩石类型为玄武安山岩，呈岩枕状产出（图 10-14a，b），岩枕呈椭圆状，轴长 0.5~1.5 m。

图 10-14　泽当镁铁质熔岩野外产状
a. 枕状熔岩局部；b. 枕状熔岩宏观，岩枕最大轴长可达 1.5 m

考察点 7（29°12.127′N, 91°40.548′E）：泽当蛇绿岩斜长花岗岩和辉绿岩

泽当蛇绿岩中的斜长花岗岩仅出露于拉玉剖面北侧（图 10-1c）。斜长花岗岩出露规模较小，其呈块状或透镜状侵入蛇纹石化橄榄岩中（图 10-15a），露头旁伴随有少量辉绿岩，也侵入蛇纹石化橄榄岩中（图 10-15b）。整个斜长花岗岩和辉绿岩所在的蛇纹岩呈岩块就位于泽当混杂堆积中，岩块东西长约 400 m，南北宽约 200 m，围岩为硅质岩和硅质复理石。与其他剖面不同，拉玉蛇纹石化橄榄岩中出露的斜长花岗岩的锆石 SIMS U-Pb 定年结果虽也形成于早白垩世（138 Ma）（图 10-9d），但要明显早于雅鲁藏布蛇绿岩其他剖面的形成时代。

图 10-15　泽当斜长花岗岩野外产状
a. 斜长花岗岩侵入蛇纹石化橄榄岩中；b. 辉绿岩侵入蛇纹石化橄榄岩中

考察点 8（29°14.390′N, 92°11.708′E）：罗布莎蛇绿岩辉长 - 辉绿岩与斜长角闪岩

罗布莎蛇绿岩中辉长岩 - 辉绿岩主要以岩脉的形式侵入地幔橄榄岩中。辉绿岩的边部可以观察到冷凝边（图 10-16a），而辉长岩的粒度变化非常大在岩石的中心部分还可见到伟晶和巨晶辉长岩（图 10-16c）。镜下可见单斜辉石和完全蚀变的斜长石，副矿物主要是钛铁矿（图 10-16b, d）。斜长角闪岩仅出露于罗布莎剖面的北侧，位于地幔橄榄岩的底部，又与北侧的罗布莎砾岩呈断层接触（图 10-17a）。斜长角闪岩主要以团块的形式出露在蛇绿混杂岩中，并且表现出强烈的变形特点（图 10-17b）。在野外可以见到斜长角闪岩的岩性变化非常大，经常出现缺少斜长石的角闪石聚集区，因此表现出非常明显的条带状结构。镜下可观察到角闪石定向排列，对称解理非常发育（图 10-17c, d）；斜长石几乎完全蚀变，通常发生葡萄石 - 钠长石化。岩石中有非常多的楣石（图 10-17c），通常产于角闪石的内部或者边部。Zhang 等 (2016) 对角闪岩和辉长岩进行了详细的岩石学、地球化学以及年代学方面的研究，并认为辉长 -

辉绿岩属于蛇绿岩的洋壳部分，产生在洋中脊的位置；而混杂岩中的角闪岩代表了蛇绿岩就位时洋壳变质而成的变质底板；通过角闪岩中榍石与锆石的年代学对比，以及与正常洋壳辉长岩的锆石年代学结果对比，提出罗布莎蛇绿岩在早白垩世（约 125 Ma）时形成于洋中脊环境，在形成后不久即发生构造就位事件。

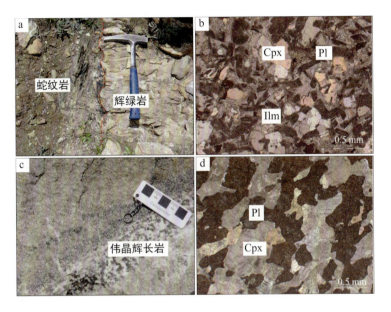

图 10-16　罗布莎蛇绿岩辉绿岩－辉长岩的野外及镜下特征
Pl. 斜长石，Cpx. 单斜辉石，Ilm. 钛铁矿

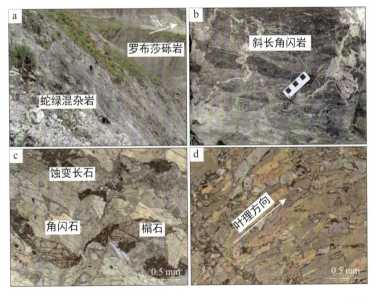

图 10-17　罗布莎蛇绿岩斜长角闪岩的野外（a,b）及镜下（c,d）特征

考察点 9（29°14.303′N, 92°11.812′E）：罗布莎蛇绿岩地幔橄榄岩

罗布莎橄榄岩出露面积非常广，但大部分都已经发生强烈的蛇纹石化作用（图10-18a），仅在部分地方出露有新鲜的橄榄岩。在岩性上，以方辉橄榄岩和纯橄岩为主，二辉橄榄岩出露范围十分有限。在橄榄岩中可见到很多辉绿岩和辉长岩脉侵入其中。

图 10-18　罗布莎蛇绿岩中橄榄岩（a）与蛇纹岩（b）野外特征

最近，澳大利亚麦考瑞大学（Macquarie University）的 Griffin 团队在地学领域的顶级期刊上连续撰文以阐明他们的观点——罗布莎橄榄岩经历了浅部地幔—深部地幔—折返出露地表这一复杂的地质过程。在他们的模型中，罗布莎铬铁矿形成于地幔浅部，随后与围岩橄榄岩一起经历了拆沉作用，并与俯冲板片一起俯冲到地幔过渡带附近（>400 km），并在 130 Ma 时随上涌的地幔一起出露至地表位置（Griffin et al., 2016; McGowan et al., 2015）。

考察点 10（29°13.847′N, 92°11.360′E）：罗布莎蛇绿岩纯橄岩和铬铁矿矿区

罗布莎铬铁矿（图 10-19）主要赋存于纯橄岩中，主要以两种形式存在，一种是呈层状、浸染状产出于橄榄岩中，含矿品位不高（图 10-19b~c）；另一种是块状和豆荚状铬铁矿（图 10-19c~d），岩石密度非常大，含矿品位高，是铬铁矿开采的主要对象。如前所述，罗布莎铬铁矿矿床成因目前还存在很大的争议，主要有三种认识。① Zhou 等（1996, 2005）对罗布莎地幔橄榄岩的纯橄岩及其中的豆荚状铬铁矿进行了系统的岩石学和地球化学工作，通过稀土元素和铂族元素的特征，提出该铬铁矿的形成可能与蛇绿岩（大洋岩石圈）形成时所处的俯冲带位置（地幔楔）有关，其形成过程受控于玻安质岩浆的交代作用，是地幔楔橄榄岩部分熔融产生的玻安质岩浆熔体向上运移的过程中，与围岩橄榄岩发生反应而成。② 第二种认识认为铬铁矿的形成与原始地幔发生高程度

部分熔融有关（鲍佩声，2009），指出玻安质岩浆的形成条件（低压、高水、高温）与铬铁矿中的高压-超高压矿物的出现不符，从而质疑了熔体/岩石反应成因，并且提出其成因可能与原始地幔高程度部分熔融有关，高程度部分熔融致使辉石中的铬被活化释放，并且发生聚集，从而形成矿体。③ 史仁灯等(2012)通过对罗布莎等铬铁矿进行Re-Os同位素分析提出，铬铁矿的形成与古老的大陆岩石圈地幔的再循环密不可分。

图10-19　罗布莎蛇绿岩中铬铁矿矿床及铬铁矿类型
a. 罗布莎铬铁矿矿区；b. 层状铬铁矿及围岩纯橄岩；c. 稀疏浸染状铬铁矿及围岩纯橄岩；d. 豆荚状铬铁矿

参 考 文 献

白文吉, 周美夫, Robinson P T, 等, 2000. 西藏罗布莎豆荚状铬铁矿、金刚石及其伴生矿物成因. 北京: 地震出版社.

鲍佩声, 2009. 再论蛇绿岩中豆荚状铬铁矿的成因——质疑岩石/熔体反应成矿说. 地质通报, 28（12）: 1741-1761.

方青松, 白文吉, 1981. 西藏首次发现含金刚石的阿尔卑斯型岩体. 地质论评, 27: 455-457.

高洪学, 宋子季, 1995. 西藏泽当蛇绿混杂岩研究新进展. 中国区域地质, (4): 316-322.

梁凤华, 许志琴, 巴登珠, 等, 2011. 西藏罗布莎-泽当蛇绿岩体的构造产出与侵位机制探讨. 岩石学报, 11: 3255-3268.

史仁灯, 黄启帅, 刘德亮, 等, 2012. 古老大陆岩石圈地幔再循环与蛇绿岩中铬铁矿床成因: 地质论评, 58(4): 643-652.

王莉, 曾令森, 高利娥, 等, 2012. 藏南侏罗纪残留洋弧的地球化学特征及其大地构造意义. 岩石学报, 28(6): 1741-1754.

王希斌, 鲍佩声, 肖序常, 1987. 雅鲁藏布江蛇绿岩. 北京: 测绘出版社.

王希斌, 周详, 郝梓国, 2010. 西藏罗布莎铬铁矿床的进一步找矿意见和建议. 地质通报, 1: 105-114.

王玉净, 松冈笃, 2002. 藏南泽当雅鲁藏布江缝合带中的三叠纪放射虫. 微体古生物学报, 19: 215-227.

王玉净, 杨群, 松冈笃, 等, 2002. 藏南泽当雅鲁藏布江缝合带中的三叠纪放射虫. 微体古生物学报, 19 (3): 215-227

夏代祥, 刘世坤, 1993. 西藏自治区区域地质志. 北京: 地质出版社.

张浩勇, 巴登珠, 郭铁鹰, 等. 1996. 西藏自治区曲松县罗布莎铬铁矿床研究. 西藏: 西藏人民出版社.

张万平, 袁四化, 刘伟, 2011a. 青藏高原南部雅鲁藏布江蛇绿岩带的时空分布特征及地质意义. 西北地质, 4(1): 1-9.

张万平, 莫宣学, 朱弟成, 等, 2011b. 西藏朗县蛇绿混杂岩中变辉绿岩和变玄武岩的年代学和地球化学. 成都理工大学学报(自然科学版), 38(5):538-548.

周云生, 张旗, 梅厚均, 1981. 西藏岩浆活动和变质作用. 北京: 科学出版社.

朱弟成, 潘桂棠, 王立全, 等, 2008. 西藏冈底斯带中生代岩浆岩的时空分布和相关问题的讨论. 地质通报, (9): 187-202.

Aitchison J C, Badengzhu, Davis A M, et al., 2000. Remnants of a Cretaceous intra-oceanic subduction system within the Yarlung-Zangbo suture (southern Tibet). Earth and Planetary Science Letters, 183: 231-244.

Aitchison J C, McDermid I R C, Ali J R, et al., 2007a. Shoshonites in southern Tibet record Late Jurassic rifting of a tethyan intraoceanic island arc. Journal of Geology, 115: 197-213.

Aitchison J C, Ali J R, Davis A M, 2007b. When and where did India and Asia collide? Journal of Geophysical Research-Solid Earth, 112(B5): doi:10.1029/2006jb004706.

Dai J G, Wang C S, Polat A, et al., 2013. Rapid forearc spreading between 130 and 120 Ma: Evidence from geochronology and geochemistry of the Xigaze ophiolite, southern Tibet. Lithos, 172-173: 1-16.

Davis A M, Aitchison J C, Badengzhu, et al., 2002. Paleogene island arc collision-related conglomerates, Yarlung-Tsangpo suture zone, Tibet. Sedimentary Geology, 150: 247-273.

DeCelles P G, Kapp P, Quade J, et al., 2011. Oligocene-Miocene Kailas basin, southwestern Tibet: Record of postcollisional upper-plate extension in the Indus-Yarlung suture zone. Geological Society of America Bulletin, 123: 1337-1362.

Griffin W L, Afonso J C, Belousova E A, et al., 2016. Mantle recycling: Transition zone metamorphism of Tibetan ophiolitic peridotites and its tectonic implications. Journal of Petrology, (4):4.

Harrison T M, Yin A, Grove M, et al., 2000. The Zedong Window: A record of superposed Tertiary convergence in southeastern Tibet. Journal of Geophysical Research-Solid Earth, 105: 19211-19230.

Hébert R, Bezard R, Guilmette C, et al., 2012. The Indus-Yarlung Zangbo ophiolites from Nanga Parbat to Namche Barwa syntaxes, southern Tibet: First synthesis of petrology, geochemistry, and geochronology with incidences on geodynamic reconstructions of Neo-Tethys. Gondwana Research, 22: 377-397.

McDermid I R C, Aitchison J C, Davis A M, et al., 2002. The Zedong terrane: A Late Jurassic intra-oceanic magmatic arc within the Yarlung-Tsangpo suture zone, southeastern Tibet. Chemical Geology, 187: 267-277.

McGowan N M, Griffin W L, González-Jiménez J M, et al., 2015. Tibetan chromitites: Excavating the slab graveyard. Geology,43(2): 179-182 .

Sun S S, McDonough W, 1989. Chemical and isotopic systematics of oceanic basalts: Implications for mantle composition and processes. Geological Society, London, Special Publications, 42: 313-345.

Yang J S, Dobrzhinetskaya L, Bai W J, et al., 2007. Diamond- and coesite-bearing chromitites from the Luobusa ophiolite, Tibet. Geology, 35: 875-878.

Yang J S, Robinson P T, Dilek Y, 2014. Diamonds in Ophiolites. Elements,10(2): 127-130.

Yin A, Harrison T M, Murphy M A, et al., 1999. Tertiary deformation history of southeastern and southwestern Tibet during the Indo-Asian collision. Geological Society of America Bulletin, 111: 1644-1664.

Zhang C, Liu C Z, Wu F Y, et al., 2016. Geochemistry and geochronology of mafic rocks from the Luobusa ophiolite, South Tibet. Lithos, 245: 93-108.

Zhang L L, Liu C Z, Wu F Y, et al., 2014. Zedong terrane revisited: An intra-oceanic arc within Neo-Tethys or a part of the Asian active continental margin? Journal of Asian Earth Sciences, 80: 34-55.

Zhou M F, Robinson P T, Malpas J, et al., 1996. Podiform chromitites in the Luobusa Ophiolite (Southern Tibet): Implications for melt-rock interaction and chromite segregation in the upper mantle. Journal of Petrology, 37(1): 3-21.

Zhou M F, Robinson P T, Malpas J, et al., 2005. REE and PGE geochemical constraints on the formation of dunites in the Luobusa ophiolite, Southern Tibet. Journal of Petrology, 46(3): 615-639.

Zhou M F, Robinson P T, Su B X, et al., 2014. Compositions of chromite, associated minerals, and parental magmas of podiform chromite deposits: The role of slab contamination of asthenospheric melts in suprasubduction zone environments. Gondwana Research, 26(1): 262-283.

Zhu D C, Zhao Z D, Niu Y, et al., 2013. The origin and pre-Cenozoic evolution of the Tibetan Plateau. Gondwana Research, 23: 1429-1454.

Ziabrev S V, Aitchison J C, Abrajevitch A V, et al., 2004. Bainang Terrane, Yarlung-Tsangpo suture, southern Tibet (Xizang, China): A record of intra-Neotethyan subduction-accretion processes preserved on the roof of the world. Journal of the Geological Society, 161: 523-538.